서바이벌 수학 게임

매스플레이

① 수상한 게임 초대

서바이벌 수학 게임
매스플레이

① 수상한 게임 초대

이승남 기획 · 조인하 글 · 김이랑 그림

산하

차례

주인공들을 소개할게요!

수학을 잘하고 창의력과 추리력이 뛰어나서 남들이 보지 못하는 점을 잘 파악해요. 키가 작고 안경을 꼈지요. 소심한 성격에 쓸데없는 걱정이 많아 혼잣말을 잘하고 줄임말을 자주 사용해요. 수학 게임에 참여하면서 점점 적극적인 성격으로 변한답니다.

수학적 재능이 뛰어나요. 체격이 크고 힘이 세지요. 수리안과 한 팀이 되어 수학 게임을 하면서 친구가 돼요. 사교성이 좋아서 수리안과 김나운 사이에서 중재하는 역할을 하지요. 성격이 급해서 가끔 실수를 한답니다. 하지만 수학 게임에 참여하면서 인내심을 키우게 돼요.

김나운

키가 크고 잘생겼으며 공부도 잘해요. 고지식하고 정해진 규칙에서 벗어나는 것을 싫어하는 바람에 수리안과 갈등을 겪지요. 그러나 중요한 순간에 리더십을 발휘해서 아이들을 이끌기도 한답니다. 수리안과 한 팀이 되면서 점차 다른 사람을 이해하고 배려하는 능력을 키워요.

아이수

주인공들이 사는 나라에서 수학 게임 매스플레이를 진행하는 게임 마스터예요. 다른 나라에서는 또 다른 게임 마스터가 수학 게임을 진행하지요. 삼행시를 좋아해서 툭 하면 아이들에게 운을 띄우라고 강요한답니다.

제 1 장
수학의 최고 고수는?

"어휴, 오늘은 반드시 고백하려 했는데, 결국 못 하고 말았네."

학교 수업을 마치고 집으로 돌아가던 수리안은 한숨을 내쉬며 고개를 절레절레 흔들었어요. 오늘 수리안은 같은 반 친구인 조수하에게 좋아한다고 고백하려고 했어요. 고백하는 방법에 대해 밤새 12가지나 찾아 놓았지요. 그런데 수리안은 그중에 어떤 방법으로 고백할지 하루 종일 고민만 하다가 결국 기회를 놓치고 말았어요. 그러자 같이 집에 가던 친구 가두리가 한심하다는 표정으로 수리안을 바라보며 말했어요.

"그러게 왜 복잡하게 고백 방법을 12가지나 생각한 거야?"

"12는 우주의 질서를 상징하는 수이거든. 예를 들어 1년은 12

달로 되어 있고, 하루도 오전과 오후 12시간으로 나뉘어. 심지어 컴퓨터 자판에서 기능키도 F1에서 F12까지 있잖아. 또 다른 것도 있는데……."

소심한 수리안이지만 수학 얘기를 하면 끊임없이 조잘대는 것을 아는 가두리는 서둘러 말을 끊었어요.

"그만 됐고, 난 학원에 가야 하니까 여기서 헤어지자."

수리안은 아쉬운 마음을 달래며 집으로 갔어요.

"다녀왔습니다."

우울한 마음에 착 가라앉은 목소리로 인사하는 수리안에게 수리안의 엄마가 기쁜 소식을 전해 주었어요.

"어서 와, 우리 아들. 좋은 소식이 있어. 지난달에 참가했던 글로벌 수학 경시 대회의 결과가 나왔는데, 네가 우수상이래."

"우아, 정말? 이번 경시 대회 문제는 진짜 어려웠는데, 내가 우수상이라니……. 엄마, 나 잘했지? 헤헤."

금세 기분이 좋아진 수리안이 함박웃음을 터트렸어요. 그런데 엄마가 한 다음 말에 기쁨은 짜증으로 바뀌고 말았지요.

"그럼 잘했지. 근데 네 친구 김나운은 최우수상을 받았대. 걔는 수학 천재인가 봐."

유치원 때부터 친구인 김나운은 여러모로 수리안과 비교가 되었어요. 김나운은 어릴 때부터 공부는 물론 운동, 게임까지 모든 면에서 뭐 하나 빠지는 게 없는 완벽한 아들 그 자체였지요. 심지어 키도 크고 얼굴까지 잘생겼답니다. 그런데 언젠가부터 수리안의 엄마가 자꾸 김나운 얘기를 하기 시작했어요. 수리안은 은근히 비교당하는 것 같아 기분이 나빴지요. 그러다 보니 언제나 한 발짝씩 앞서 나가는 김나운 때문에 자존심이 상해 죽을 지경이었어요. 더 짜증나는 건, 당사자인 김나운은 이런 상황을 전혀 모르고 있다는 사실이었어요.

"경시 대회 끝나고 내가 시험 잘 봤냐고 물어봤을 때는 우거지상이더니, 최우수상을 탔단 말이야?"

이번에도 김나운이 자신을 이겼다는 사실에 짜증이 난 수리안이 꿍얼댔어요. 수리안의 엄마는 아들의 마음을 아는지 모르는지 김나운 칭찬에 입에 침이 마를 지경이었지요.

"김나운은 키도 크고 얼굴도 잘생겼는데, 공부까지 잘하니 정말 완벽한 모범생이로구나."

"쳇! 옆집 아줌마는 요리도 잘하고 다정한 데다, 절대 자기 자식을 남과 비교하지 않는 인격자래. 정말 완친엄이라니까! 완벽한 친구 엄마!"

　기분이 나빠진 수리안은 소심하게 엄마에게 화를 냈어요. 엄마는 어이없는 표정으로 헛웃음을 지었지요. 그때였어요. 수리안의 핸드폰에 문자가 왔어요.

"이게 뭐야? 혹시 스팸 문자인가? 아니면 요즘 핸드폰으로 사기 친다는 보이스피싱일까? 이거 누르느냐 마느냐, 그것이 문제로다."

"무슨 문자인데 또 혼잣말로 구시렁대니?"

수리안이 습관처럼 혼잣말을 하는 모습이 답답했는지, 엄마가 수리안의 핸드폰을 낚아챘어요. 문자를 본 엄마는 진지한 표정으로 말했어요.

"매스플레이? 좀 전에 김나운 엄마랑 통화했는데, 나운이는 어린이 필즈상을 타겠다며 벌써 참가 신청을 했다더라. 왜, 너도 관심 있니?"

"나운이가 참가했다고? 흥, 그럼 나도 당참이지. 당연히 참가한다고."

김나운이 참가했다는 말에 수리안은 엉겁결에 소리쳤어요. 수리안은 자기 방으로 들어와 숨을 깊이 들이마신 뒤 문자에 나온 설치 글자를 조심스레 눌렀지요. 그러자 게임이 빠르게 설치되기 시작했어요.

"뭐야, 설치에 1분도 안 걸리네. 간단한 게임인가?"

게임 설치가 끝나자 핸드폰 화면에 '매스플레이'라는 아이콘이 나타났어요. 수리안은 떨리는 마음으로 아이콘을 눌렀지요. 그러자 게임 화면이 스르륵 나타났어요. 수리안은 화면의 중간에 있는 게임 설명 버튼을 눌렀어요.

서바이벌 수학 게임
매스플레이
게임 시작
게임 설명
게임 상점

게임 설명

< 뒤로　　게임 설명

서바이벌 수학 게임
매스플레이에
참가한 것을 환영합니다!

◉ 게임은 이지, 노멀, 하드 스테이지로 구성되어 있습니다.
◉ 수학 미션을 완료하면 '매스코인' 과 다음 미션이 주어집니다.
◉ 획득한 매스코인으로는 게임 상점에서 필요한 '힌트'나 '도구'를 살 수 있습니다.
◉ 이지 스테이지를 통과하면 순위에 따라 노멀 스테이지에 도전할 자격이 주어집니다.
◉ 하드 스테이지까지 통과한 플레이어들 중에 최종 우승자를 뽑습니다.

게임 설명을 읽은 수리안은 뒤로 가기 버튼을 눌러 처음 화면으로 돌아온 다음, 게임 시작 버튼을 눌렀어요. 그러자 화면이 바뀌면서 1단계 미션이 떴어요.

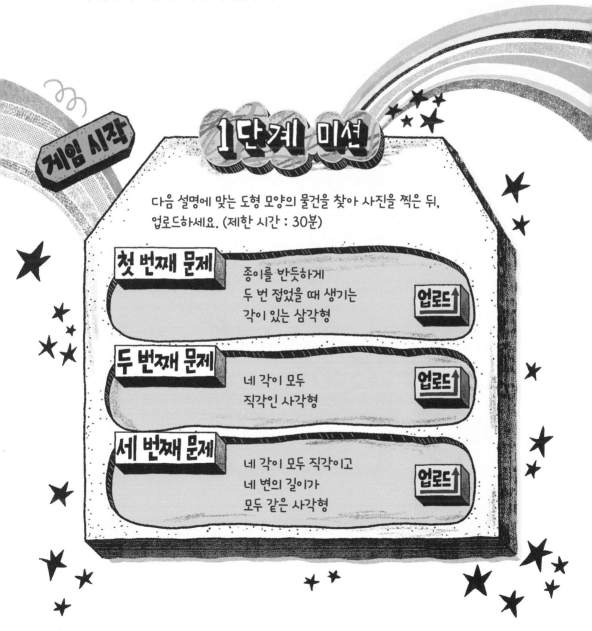

게임 시작

1단계 미션

다음 설명에 맞는 도형 모양의 물건을 찾아 사진을 찍은 뒤, 업로드하세요. (제한 시간 : 30분)

첫 번째 문제
종이를 반듯하게
두 번 접었을 때 생기는
각이 있는 삼각형
업로드↑

두 번째 문제
네 각이 모두
직각인 사각형
업로드↑

세 번째 문제
네 각이 모두 직각이고
네 변의 길이가
모두 같은 사각형
업로드↑

긴장했던 수리안의 얼굴에 자신만만한 웃음이 떠올랐어요.

"종이를 반듯하게 두 번 접었을 때 생기는 각은 직각이니까 첫 번째 문제의 정답은 직각삼각형이야. 두 번째 문제의 정답은 직사각형, 세 번째 문제의 정답은 정사각형이고. 그럼 우리 집에 있는 직각삼각형 모양부터 찾아볼까?"

주변을 두리번거리던 수리안은 "아, 그게 있었지!" 하며 부리나케 2층 다락방으로 향했어요. 2층 다락방에는 수리안이 가장 좋아하는 직각삼각형 모양의 예쁜 창문이 있었지요. 수리안은 얼른 창문 사진을 찍었어요.

"됐다! 이번엔 직사각형과 정사각형 모양의 물건을 찾아야 하는데……."

잠시 고민하던 수리안이 손가락을 딱 하고 튕기며 소리쳤어요.

"직사각형은 네 각이 모두 직각인 사각형, 정사각형도 네 각이 모두 직각이니까 정사각형도 직사각형에 속해. 그렇다면 각각 따로 찾지 말고 정사각형 모양만 찾으면 시간을 절약할 수 있어. 시

간제한이 있는 걸 보면 빨리 맞힐수록 유리한 게 분명해."

수리안의 눈이 집 안을 빠르게 훑기 시작했어요.

"음, 정사각형 모양이 어디 있더라? 어, 생각보다 정사각형이 없네? 직사각형이라도 일단 찾아야 되나……."

수리안은 조금 초조해졌어요. 그런데 무심코 책상 서랍을 열던 수리안의 얼굴이 절로 환해졌어요.

"아, 그렇지! 후훗, 정사각형 하면 역시 색종이지."

수리안은 책상 서랍에서 재빨리 색종이를 꺼내 사진을 찍었어요. 그리고 게임 화면의 업로드 버튼을 눌러 직각삼각형에 창문 사진을, 직사각형과 정사각형에 색종이 사진을 업로드했지요. 그러자 바로 띠링 소리와 함께 '1단계 미션 성공'이라는 알림이 떴어요. 그리고 정답 수 3개와 미션 성공 시간 10분, 매스코인 9개라는 알림이 나왔어요.

"아싸! 역시 내 예상대로야. 미션을 완료한 시간도 점수 계산에 들어갔잖아."

수리안이 주먹을 불끈 쥐며 소리쳤어요. 기분이 좋아진 수리안은 문득 김나운의 성적이 궁금했어요.

"훗, 걔는 고지식하고 정해진 규칙에서 벗어나는 것을 싫어하기 때문에 틀림없이 직사각형과 정사각형 모양의 물건을 각각 찾았을 거야. 그럼 미션 성공 시간이 나보다 많이 뒤처지겠지?"

회심의 미소를 지으며 혼자 중얼거리던 수리안은 궁금함을 참지 못하고 김나운에게 전화했어요.

"안녕, 나야, 수리안. 너도 매스플레이 깔았지? 나도 깔았는데, 1단계 미션 문제는 너무 쉽지 않았어?"

"응. 생각보다 문제가 너무 쉽던데. 난 엄청 수준 높은 문제가 나올 줄 알았거든."

김나운이 실망한 말투로 대답하자, 수리안도 허세 섞인 말을 했어요.

"그러게. 나도 깜짝 놀랐다니까! 혹시 함정이 있는 건 아닌지 잠깐 고민할 정도였어. 그건 그렇고 넌 정답으로 어떤 물건들을 찾았어?"

"음. 직각삼각형 모양의 샌드위치랑 직사각형 모양의 보도블록은 금방 찾았는데, 의외로 정사각형 모양을 찾느라고 시간이 좀 걸렸어. 물론 제한 시간 안에 정사각형 모양의 테이블을 찾긴 했지만, 좀 아슬아슬했어."

"아, 그랬어? 미션 문제가 쉽긴 한데, 막상 우리 주변에서 물건을 찾으려니 의외로 시간을 많이 까먹게 되더라고. 그럼 남은 미션도 잘해. 안녕!"

수리안은 덤덤한 척 전화를 끊고는 한바탕 크게 웃었어요.

"으하하! 하여튼 나운이 녀석은 앞뒤가 꼭꼭 막혔다니까. 아무리 수학 경시 대회에서 최우수상을 받으면 뭐해? 사람이 나처럼 창의력이 있어야지. 혹시 이러다가 내가 매스플레이에서 우승하는 거 아냐?"

각과 직각

한 점에서 그은 두 반직선으로 이루어진 도형을 '각'이라고 해. 여기서 반직선이란 한 점에서 시작하여 한쪽으로 끝없이 늘인 곧은 선을 말하지. 아래 그림의 각은 각 ㄱㄴㄷ 또는 각 ㄷㄴㄱ이라 하고, 이때 점 ㄴ을 각의 꼭 짓점이라고 해. 반직선 ㄴㄱ과 반직선 ㄴㄷ을 각의 변이라 하고, 변 ㄴㄱ과 변 ㄴㄷ이라고 불러.

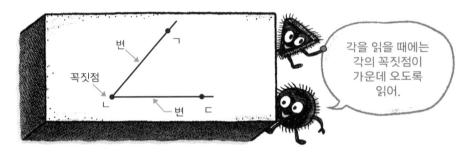

'직각'은 아래 그림과 같이 종이를 반듯하게 두 번 접었을 때 생기는 각 이야.

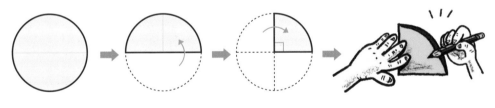

'직각' ㄱㄴㄷ을 나 타낼 때에는 꼭짓점 ㄴ에 ┗ 표시를 하지.

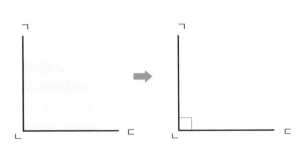

각의 크기와 분류

각의 크기는 '각도'라고 해. 직각을 똑같이 90으로 나눈 것 중 하나를 1도라고 하고, 1°라고 써. 그러니까 직각의 크기는 90° 야.

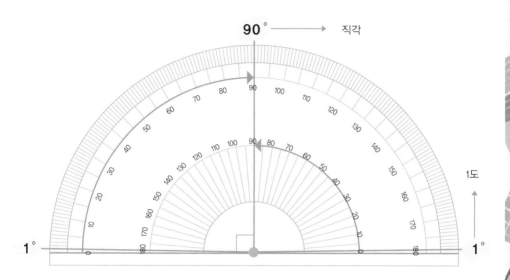

각도가 0° 보다 크고 직각보다 작은 각은 '예각', 각도가 직각보다 크고 180° 보다 작은 각은 '둔각'이라고 해.

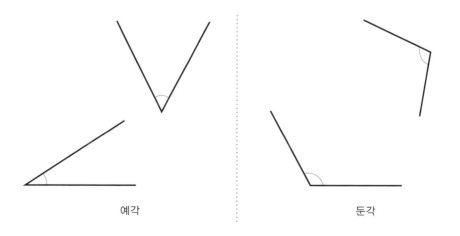

예각   둔각

직각삼각형

삼각형은 변이 3개인 도형을 말해. 삼각형은 각의 크기에 따라 크게 세 가지로 분류할 수 있어. 세 각이 모두 예각인 '예각삼각형', 한 각이 직각이고 나머지 두 각은 예각인 '직각삼각형', 한 각이 둔각이고 나머지 두 각은 예각인 '둔각삼각형'이 그것이지.

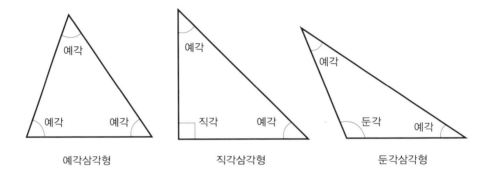

예각삼각형　　　　　직각삼각형　　　　　둔각삼각형

직사각형과 정사각형

'직사각형'은 네 각이 모두 직각인 사각형을 말해. 한 각이 직각인 사각형을 직사각형이라고 착각하는 사람이 있는데, 절대 착각하면 안 돼. 그럼 정사각형은 무엇일까? '정사각형'은 네 각이 모두 직각이고, 네 변의 길이가 모두 같은 사각형이야.

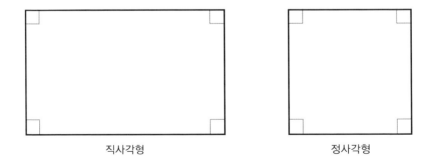

직사각형　　　　　　　　　정사각형

정사각형은 직사각형 모양의 종이를 사용하면 간단히 만들 수 있어. ① 번 직사각형 종이의 한쪽 끝을 ②번처럼 대각선 방향으로 접은 다음, ③번에서 오른쪽 노란색 부분을 자르고, ④번처럼 펼치면 끝이야. 네 각이 모두 직각이고, 네 변의 길이도 모두 같지. 색종이를 대각선 방향으로 접은 뒤 펼친 모양과 같음을 알 수 있어.

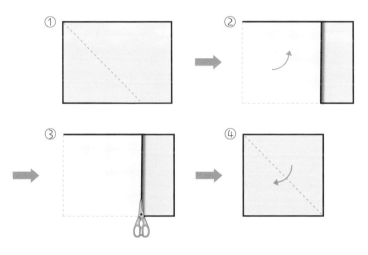

그럼 정사각형은 직사각형이라고 할 수 있을까, 없을까? 직사각형은 네 각이 모두 직각인 사각형을 말하니까 정사각형도 직사각형이라고 할 수 있어. 그래서 정사각형은 직사각형에 포함되지.

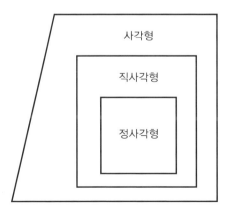

제2장
수 카드를 모아라!

"어이구, 오늘도 또 고백을 못 했네. 도대체 어떤 방법이 가장 좋을까? 선물을 주고 고백하자니 너무 뻔하고, 반 아이들 앞에서 멋지게 고백하자니 수하가 창피해할까 봐 걱정되고. 에고, 고백하기 정말 힘들다."

수리안은 혼자서 꿍얼꿍얼하며 집으로 돌아와 가방을 휙 던지고는 책상 의자에 털썩 주저앉았어요. 고민을 너무 많이 했는지 머리가 띵하고 속이 울렁거렸지요. 그때 불현듯 떠오른 것이 있었어요.

"아, 맞다. 매스플레이! 2단계 미션 문자는 언제 올까?"

수리안은 핸드폰을 켜고 매스플레이에 접속했어요. 어제 1단계 미션을 완료하고 받은 매스코인을 어떻게 사용하는지 궁금했기 때문이에요. 그래서 게임 상점에 들어가 여러 가지 아이템들을 살펴보았지요.

"오호, 힌트를 알려 주는 1회 찬스 아이템도 있고, 자와 각도기 같은 도구 아이템도 있네. 아이템이 꽤 쏠쏠한데."

수리안이 고민도 잊은 채 이것저것 아이템을 살펴보는데, 갑자기 띠링 하는 소리와 함께 화면에 "2단계 미션이 도착했습니다." 라는 문자가 떴어요. 반가운 마음에 얼른 수리안이 게임 시작 버튼을 누르자, 2단계 미션 내용이 화면에 나왔어요.

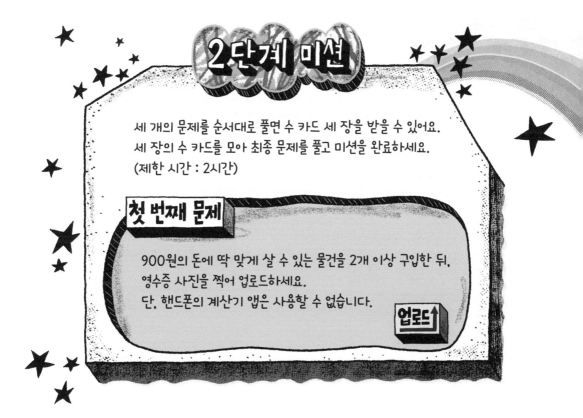

2단계 미션

세 개의 문제를 순서대로 풀면 수 카드 세 장을 받을 수 있어요.
세 장의 수 카드를 모아 최종 문제를 풀고 미션을 완료하세요.
(제한 시간 : 2시간)

첫 번째 문제

900원의 돈에 딱 맞게 살 수 있는 물건을 2개 이상 구입한 뒤,
영수증 사진을 찍어 업로드하세요.
단, 핸드폰의 계산기 앱은 사용할 수 없습니다.

업로드↑

첫 번째 문제를 읽은 수리안이 중얼거렸어요.

"엥? 무슨 문제가 이렇게 황당해? 요즘 900원짜리 물건도 별로 없는데, 그것보다 싼 물건이 어디 있어?"

수리안은 어이가 없었어요. 하지만 일단 900원보다 싼 물건을 파는 곳이 어디인지 곰곰이 생각해 보았지요. 그러기를 잠시, 수리안이 무릎을 탁 쳤어요.

"그래, 바로 거기야!"

수리안이 벌떡 일어나 부리나케 집을 나섰어요. 수리안이 달려간 곳은 바로 문구점이었지요. 문구점에는 사탕 같은 군것질거리부터 연필, 지우개, 자 등 아이들이 용돈으로 살 수 있는 소소한 물건들이 꽤 많기 때문이에요. 수리안은 부산하게 문구점을 왔다 갔다 하며 900원보다 싼 물건을 찾아냈어요. 사탕, 스티커, 공책, 연필, 지우개, 볼펜, 20㎝ 자였지요. 수리안은 물건들의 가격을 수첩에 쭉 적었어요.

"하아, 가격이 천차만별이네. 게다가 물건값을 보니 세 자리 수와 세 자리 수의 덧셈을 할 줄 알아야겠는데?"

수리안은 물건을 들었다 놨다 하면서 혼잣말로 생각을 정리해 나갔어요.

사탕	460원
스티커	510원
공책	540원
연필	380원
지우개	520원
볼펜	250원
20㎝ 자	550원

"이 물건들로 900원에 맞추려면 십의 자리에서 받아올림하여 계산해야겠네. 그러려면 십의 자리의 수를 더해서 10이 되는 사탕과 공책, 볼펜과 20㎝ 자, 연필과 지우개를 더해 보면 되겠지? 계산하기 쉽게 세로셈으로 해야지."

수리안은 빠른 속도로 계산을 해 나갔어요.

"힝! 사탕을 먹고 싶었는데 사탕과 공책을 더하면 1000원이니까 900원을 넘어서 안 되겠는걸. 그럼 볼펜과 20㎝ 자를 더해 볼까? 250+550=800원이니까 이것도 안 되고. 연필과 지우개, 이게 마지막인데……. 와, 380+520=900원! 휴, 다행이다. 900원을 넘을까 봐 조마조마했잖아!"

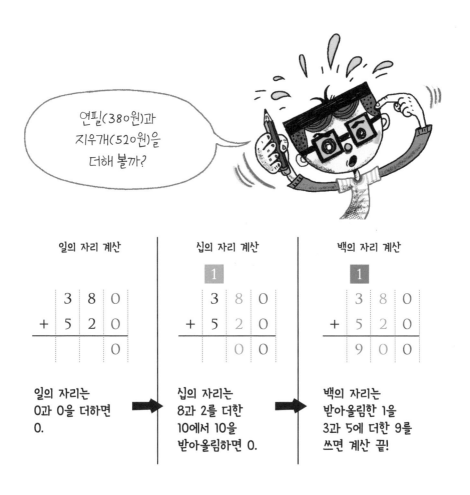

연필(380원)과 지우개(520원)을 더해 볼까?

일의 자리 계산	십의 자리 계산	백의 자리 계산

십의 자리 계산 **1**

백의 자리 계산 **1**

일의 자리 계산
```
    3 8 0
+   5 2 0
─────────
        0
```

십의 자리 계산
```
    3 8 0
+   5 2 0
─────────
      0 0
```

백의 자리 계산
```
    3 8 0
+   5 2 0
─────────
    9 0 0
```

일의 자리는 0과 0을 더하면 0.

십의 자리는 8과 2를 더한 10에서 10을 받아올림하면 0.

백의 자리는 받아올림한 1을 3과 5에 더한 9를 쓰면 계산 끝!

수리안은 얼른 연필과 지우개를 산 다음, 900원이 찍힌 영수증을 사진으로 찍어 매스플레이에 업로드했어요. 그러자 '미션 완료!' 창이 뜨더니 곧바로 수 카드 '5'가 나타나서 저장되었지요. 곧이어 띠링 소리와 함께 두 번째 문제가 등장했어요.

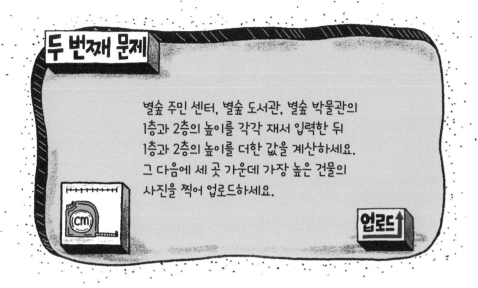

두 번째 문제 밑에는 줄자 모양의 아이콘이 있었어요. 수리안이 이 아이콘을 누르자 길이를 재는 앱이 자동으로 설치되었지요. 수리안은 가장 가까운 별숲 주민 센터로 달려갔어요.

"바쁘다, 바빠! 먼저 1층 높이부터 재 볼까?"

별숲 주민 센터의 1층 높이는 452㎝였어요. 수리안은 앱 화면에 있는 표에 1층 높이를 입력한 다음, 부리나케 2층으로 올라가 높이를 재었어요.

"어? 2층도 452㎝야. 1층과 2층의 높이가 같네. 그럼 별숲 도서관과 별숲 박물관은 1층만 재서 두 번 입력하면 되겠다. 헤헤, 이번에도 시간을 절약해서 매스코인을 많이 받아야지. 역시 사람은 나처럼 창의력이 뛰어나야 한다니까! 아무래도 매스플레이 우승은 내가 할 것 같단 말이야."

신이 난 수리안은 헤벌쭉 웃으며 별숲 도서관으로 달려가 1층 높이를 재었어요. 별숲 주민 센터 1층보다 약간 높은 460㎝였어요. 수리안은 앱 화면에 나온 표에 도서관의 1층과 2층 높이를 똑같이 460㎝로 입력했어요.

"오케이! 자, 이번엔 별숲 박물관으로 출발!"

　잽싸게 뛰어서 별숲 박물관에 도착한 수리안은 이곳에서도 1층 높이만 재서 박물관 1층과 2층 높이를 입력했어요. 별숲 박물관의 1층 높이는 세 건물 중 가장 높은 472㎝였지요. 수리안은 세 건물의 1층과 2층 높이를 더했어요.

　"음. 별숲 주민 센터는 452+452=904㎝, 별숲 도서관은 460+460=920㎝, 별숲 박물관은 472+472=944㎝이니까, 별숲 박물관이 가장 높구나."

　수리안은 콧노래를 흥얼거리며 별숲 박물관의 사진을 매스플레이에 업로드했어요. 앗! 그런데 이게 웬일인가요? 삑 하는 기분 나쁜 소리와 함께 핸드폰 화면에 '미션 실패!' 표시가 뜨는 게 아니겠어요!

"어? 미, 미션 실패라고? 아, 이게 어떻게 된 거시?"

당황한 수리안은 말까지 더듬었어요. 수리안은 혹시 계산이 틀렸나 싶어 다시 계산해 보았어요. 하지만 아무 문제가 없었지요.

"어쩌지? 뭐가 문제인지 전혀 모르겠네."

수리안의 이마와 콧등에는 어느새 식은땀이 송골송골 맺혔어요. 게임 화면에서 제한 시간이 줄어드는 것을 본 수리안은 마음이 다급해졌지요.

"안 되겠다. 매스코인 상점에서 1회 찬스 아이템을 사야겠다. 아깝지만 떨어지는 것보단 낫잖아?"

수리안은 매스코인 5개로 힌트를 알려 주는 1회 찬스 아이템을 샀어요. 찬스 아이템을 사용하자 화면에 힌트가 나왔어요.

힌트

별숲 도서관 2층과
별숲 박물관 2층의 높이가 틀렸어요.

"뭐? 2층 높이가 틀렸다고? 그럼 1층과 2층의 높이가 다르다는 거야?"

당황한 수리안이 별숲 도서관으로 달려가 2층 높이를 재었더니, 1층보다 낮은 434㎝였어요.

"434㎝라고? 2층이 1층보다 높이가 훨씬 낮잖아."

수리안은 미간을 찌푸리며 별숲 박물관으로 달려갔어요. 그리고 부리나케 2층으로 올라가 높이를 쟀어요.

"425㎝잖아. 거참 이상하네. 별숲 주민 센터는 1층과 2층의 높이가 같았는데, 왜 별숲 도서관과 별숲 박물관은 1층과 2층의 높이가 다르지?"

수리안은 고개를 갸우뚱하며 별숲 박물관의 2층에서 1층을 내려다보다가 눈이 왕방울만 해졌어요.

"아, 그렇구나! 별숲 주민 센터는 1층과 2층이 모두 사무 공간이라서 높이가 같지만 별숲 도서관과 별숲 박물관은 1층이 로비 공간이어서 2층보다 높이가 더 높은 거야. 그런 줄도 모르고 시간을 절약하겠다고 잔꾀를 부렸으니……."

수리안은 자신의 실수를 깨닫고 머리가 멍해졌어요. 하지만 곧 정신을 가다듬고 각 건물의 1층과 2층 높이를 더했어요.

	별숲 주민 센터	별숲 도서관	별숲 박물관
1층 높이	452cm	460cm	472cm
2층 높이	452cm	434cm	425cm
1층+2층 높이	904cm	894cm	897cm

"이런! 별숲 주민 센터가 가장 높잖아!"

수리안은 고개를 절레절레 흔들며 별숲 주민

센터의 사진을 매스플레이에 업로드했어요. 곧

바로 '미션 완료!' 창이 뜨더니 수 카드 '0'이 나

타나서 저장되었지요. 그리고 띠링 소리와 함께

세 번째 문제가 등장했어요.

세 번째 문제

별숲 극장 1관과 2관의 남은 좌석 수를 확인하여
예약한 좌석 수를 계산하고,
더 많이 예약된 곳의 사진을 찍어 업로드하세요.

별숲 도서관과 별숲 박물관을 두 번씩 가는 바람에 시간이 부족해진 수리안은 젖 먹던 힘까지 짜내어 별숲 극장으로 뛰어갔어요. 별숲 극장에 도착한 수리안은 숨을 헐떡거리며 극장 안을 이리저리 둘러보았어요.

"티켓 판매기에 남은 좌석 수가 표시되어 있을 텐데, 판매기가 어디 있지? 시간도 얼마 안 남았는데, 이것 참. 야단났네."

수리안은 애가 타서 마음이 조마조마했어요. 하지만 마음이 급한 나머지 수리안의 눈에는 판매기가 보이지 않았지요. 제한 시간이 5분밖에 남지 않은 것을 보고 기운이 빠진 수리안은 한숨을 쉬었어요.

"휴, 여기서 떨어지는 건가?"

수리안이 막 포기하려는 순간, 매표소 위에 있는 전광판이 눈에 확 들어왔어요.

"맞아! 매표소 위에 전광판이 있었지. 조금만 생각하면 금방 알 수 있었는데, 마음이 조급해져서 티켓 판매기만 찾아다녔네."

매표소로 달려간 수리안이 전광판을 살펴보니 1관은 654석 중 361석, 2관은 554석 중 274석의 좌석이 남아 있었어요. 수리안은 재빨리 전체 좌석 수와 남은 좌석 수를 표에 입력했어요.

	전체 좌석 수	예약한 좌석 수	남은 좌석 수
별숲 극장 1관	654	?	361
별숲 극장 2관	554	?	274

"예약한 좌석 수를 알아내려면 '전체 좌석 수 - 남은 좌석 수'를 하면 돼. 받아내림이 있는 세 자리 수와 세 자리 수의 뺄셈을 해야겠네. 헤헤, 그거야 쉽지. 먼저 1관부터 예약한 좌석 수를 구해 볼까?

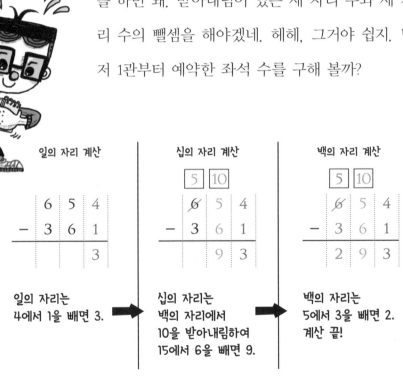

일의 자리 계산

```
    6 5 4̸
  - 3 6 1
        3
```

일의 자리는
4에서 1을 빼면 3.

십의 자리 계산

```
    5 10
    6̸ 5 4
  - 3 6 1
      9 3
```

십의 자리는
백의 자리에서
10을 받아내림하여
15에서 6을 빼면 9.

백의 자리 계산

```
    5 10
    6̸ 5 4
  - 3 6 1
    2 9 3
```

백의 자리는
5에서 3을 빼면 2.
계산 끝!

수리안은 엄청난 집중력으로 별숲 극장 1관과 2관의 예약한
좌석 수를 계산해 냈어요.

"1관은 예약한 좌석 수가 293, 2관은 554-274=280이니까 1관
이 더 많이 예약됐네."

계산을 끝낸 수리안은 별숲 극장 1관의 사
진을 찍어 매스플레이에 업로드했어요. 그러
자 '미션 완료!' 표시와 함께 수 카드 '2'가
나타나서 저장되었어요.

"겨우 제한 시간 안에 2단계 미션을 끝냈네. 하여튼 큰일 날
뻔했어."

수리안이 안도의 한숨을 내쉬는 순간, 핸드폰에 또 다른 창이
떴어요.

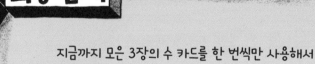

최종 문제

지금까지 모은 3장의 수 카드를 한 번씩만 사용해서
만들 수 있는 세 자리 수 가운데 가장 큰 수와 가장 작은 수의
차를 구해서 정답을 입력하세요.

"앗! 아직 2단계 미션이 끝나지 않은 거야? 시간이 별로 안 남았는데, 큰일 났네. 정신 바짝 차려야겠다."

수리안은 온 정신을 집중해서 문제를 풀기 시작했어요.

"3장의 수 카드 5, 0, 2를 한 번씩만 사용해서 가장 큰 수를 만들려면 숫자가 큰 순서대로 백의 자리, 십의 자리, 일의 자리에 써야 하니까 520이야. 가장 작은 수는 반대로 숫자가 작은 순서대로 백의 자리부터 쓰면 되니까 025인데, 세 자리 수가 아니기 때문에 가장 작은 세 자리 수는 205야."

수리안은 수첩에 '520-205'를 쓴 뒤, 초인적인 힘을 발휘하여 계산을 끝냈어요.

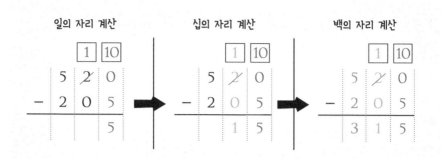

| 일의 자리 계산 | 십의 자리 계산 | 백의 자리 계산 |

수리안이 얼른 315를 정답 칸에 입력했어요. 그러자 띠링 소리와 함께 '2단계 미션 성공'이라는 표시가 떴지요. 그리고 정답 수와 성공 시간을 합산하더니 매스코인이 8개 주어졌어요. 수리안은 가슴을 쓸어내리며 별숲 극장 바닥에 주저앉았어요.

"에고, 아슬아슬했다. 1회 찬스 아이템을 사는 바람에 매스코인이 줄어서 좀 아쉽지만, 그래도 잘했어. 헤헤."

수리안은 별숲 극장을 나와 터덜터덜 걸음을 옮겼어요. 온몸이 물에 젖은 솜처럼 무거웠지요. 수리안의 입에서 저도 모르게 투덜거리는 혼잣말이 튀어나왔어요.

"아니, 대체 동네를 이렇게 싸돌아다니면서 미션을 수행하는 것이 수학과 무슨 관련이 있어? 이건 매스플레이가 아니고 피지컬 플레이인데?"

그때 수리안 옆을 지나치던 여자아이가 말을 걸어왔어요.

"혹시 너도 매스플레이에 참가했니? 지나가다 매스플레이라는 말이 들려서 말이야. 난 나우리라고 하는데, 나도 매스플레이에 참가했거든."

수리안은 여자아이가 덩치도 크고 힘도 세 보여서 말하기가 살짝 망설여졌지만, 아무렇지도 않은 척 대답했어요.

"맞아. 나도 매스플레이에 참가했어. 내 이름은 수리안이야. 조금 전에 2단계 미션을 끝냈는데, 어찌나 온 동네를 뛰어다녔는지 짜증이 좀 나더라고. 너도 2단계 미션은 끝냈니?"

"응. 나도 온 동네를 뛰어다니느라 고생 좀 했어. 그런데 난 미션을 수행하면서 매스플레이가 일상생활에서 수학이 얼마나 밀접하게 쓰이는지 일부러 알려 주려는 것 같다는 느낌이 팍 왔어."

나우리가 들뜬 목소리로 말했어요.

"오호, 그럴 수도 있겠구나."

"그렇지? 어쩌면 매스플레이의 최종 우승자는 단순히 수학만 잘하는 사람이 아니라, 일상생활에서 수학을 잘 활용하는 사람이 될지도 모르겠다는 생각이 들더라고."

나우리의 말에 수리안도 고개를 끄덕끄덕했어요.

"네 말이 맞을지도 모르겠네. 이렇게 만난 것도 인연인데, 만반
잘부!"

"응? 만반잘부가 무슨 뜻이야?"

나우리의 질문에 수리안이 웃으면서 대답했어요.

"히히, 넌 요즘 유행어를 잘 모르는구나. 만반잘부는 '만나서
반가워, 잘 부탁해.'의 줄임말이야."

"별걸 다 줄이는구나. 정말 '별다줄'이야."

나우리의 맞장구에 수리안은 기분이 좋아졌어요. 두 사람은 도
란도란 이야기를 나누며 집으로 향했지요. 동네 어귀에서 나우리
와 헤어진 수리안은 지금까지 푼 매스플레이의 미션에 대해 곰곰
이 생각해 보았어요.

'뛰어다니느라 좀 힘들긴 했지만, 나름 재미있는 게임이야.'

받아올림과 받아내림이 없는 세 자리 수의 덧셈과 뺄셈

받아올림이 없는 세 자리 수의 덧셈과 받아내림이 없는 세 자리 수의 뺄셈의 계산은 세로 계산으로 하면 쉬워. 방법은 다음과 같아.

① 각 자리의 숫자를 맞추어 적어.

② 일의 자리부터 더하거나 뺀 값을 적어.

③ 십의 자리, 백의 자리까지 더하거나 뺀 값을 차례대로 적어 주면 끝이야.

예를 들어 덧셈 '342 + 117'과 뺄셈 '438 − 213'을 계산해 볼까?

> 각 자리의 숫자를 맞추어 적어야 해.

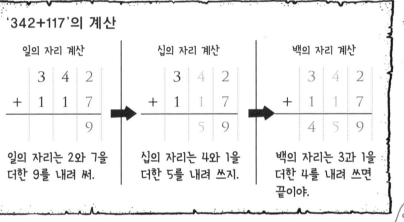

'342+117'의 계산

일의 자리 계산	십의 자리 계산	백의 자리 계산
3 4 2	3 4 2	3 4 2
+ 1 1 7	+ 1 1 7	+ 1 1 7
9	5 9	4 5 9

일의 자리는 2와 7을 더한 9를 내려 써.

십의 자리는 4와 1을 더한 5를 내려 쓰지.

백의 자리는 3과 1을 더한 4를 내려 쓰면 끝이야.

> 일의 자리부터 뺀 값을 차례대로 적어.

'438−213'의 계산

일의 자리 계산	십의 자리 계산	백의 자리 계산
4 3 8	4 3 8	4 3 8
− 2 1 3	− 2 1 3	− 2 1 3
5	2 5	2 2 5

일의 자리는 8에서 3을 뺀 5를 내려 써.

십의 자리는 3에서 1을 뺀 2를 내려 쓰면 돼.

백의 자리는 4에서 2를 뺀 2를 내려 쓰면 끝!

받아올림이 있는 세 자리 수의 덧셈

이번에는 받아올림이 있는 (세 자리 수) + (세 자리 수)의 덧셈을 계산해 볼까? 이것도 세로 계산으로 하면 어렵지 않아. 방법은 다음과 같아.

① 각 자리의 숫자를 맞추어 적어.

② 일의 자리에서 받아올림이 있으면 십의 자리에 받아올려 계산해.

③ 십의 자리에서 받아올림이 있으면 백의 자리에 받아올려 계산하면 끝!

복잡한 것 같지만 예를 들어 '575+147'을 계산해 보면 어렵지 않음을 알 수 있을 거야.

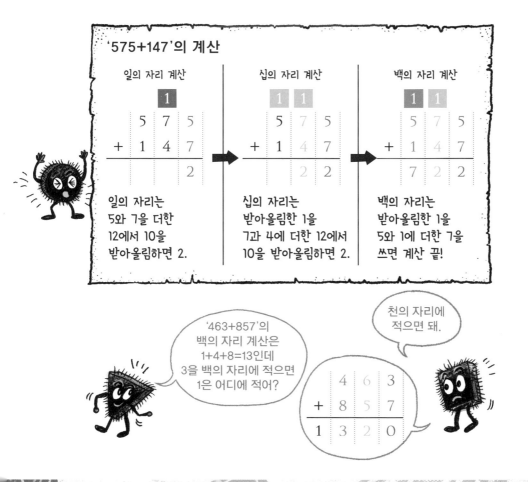

'575+147'의 계산

일의 자리 계산	십의 자리 계산	백의 자리 계산

일의 자리는 5와 7을 더한 12에서 10을 받아올림하면 2.

십의 자리는 받아올림한 1을 7과 4에 더한 12에서 10을 받아올림하면 2.

백의 자리는 받아올림한 1을 5와 1에 더한 7을 쓰면 계산 끝!

'463+857'의 백의 자리 계산은 1+4+8=13인데 3을 백의 자리에 적으면 1은 어디에 적어?

천의 자리에 적으면 돼.

```
    4  6  3
+   8  5  7
1   3  2  0
```

받아내림이 있는 세 자리 수의 뺄셈

마지막으로 받아내림이 있는 (세 자리 수) - (세 자리 수)의 뺄셈을 계산해 보자. 이것도 세로 계산으로 하면 어렵지 않아. 방법은 아래와 같아.

① 각 자리의 숫자를 맞추어 적어.

② 십의 자리에서 받아내림이 있으면 일의 자리로 받아내려 계산해.

③ 백의 자리에서 받아내림이 있으면 십의 자리로 받아내려 계산하면 돼. 어려운 것 같지만 예를 들어 '385-159'와 '524-365'를 계산해 보면 이해하기 쉬울 거야.

받아내림이 한 번 있는 '385－159'의 계산

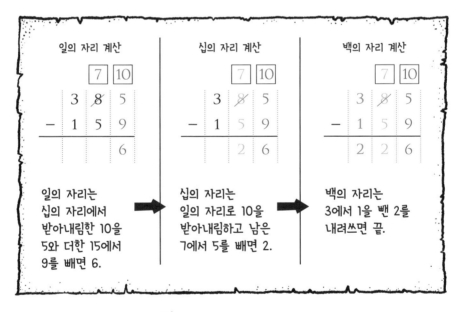

일의 자리 계산	십의 자리 계산	백의 자리 계산

일의 자리는 십의 자리에서 받아내림한 10을 5와 더한 15에서 9를 빼면 6.

십의 자리는 일의 자리로 10을 받아내림하고 남은 7에서 5를 빼면 2.

백의 자리는 3에서 1을 뺀 2를 내려쓰면 끝.

받아내림이 두 번 있는 '524 - 365'의 계산

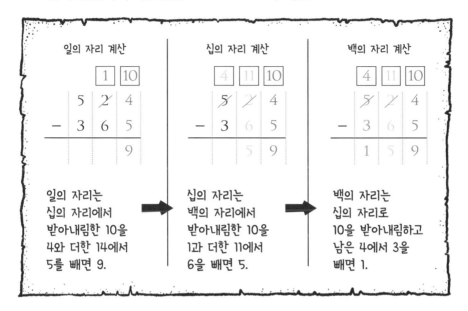

일의 자리 계산

	1	10	
	5	2̶	4
−	3	6	5
			9

십의 자리 계산

	4	11	10
	5̶	2̶	4
−	3	6	5
		5	9

백의 자리 계산

	4	11	10
	5̶	2̶	4
−	3	6	5
	1	5	9

일의 자리는
십의 자리에서
받아내림한 10을
4와 더한 14에서
5를 빼면 9.

십의 자리는
백의 자리에서
받아내림한 10을
1과 더한 11에서
6을 빼면 5.

백의 자리는
십의 자리로
10을 받아내림하고
남은 4에서 3을
빼면 1.

나도 이제
세 자리 수 뺄셈도
자신 있어!

제3장
라이벌과의 만남

"얍! 에잇!"

따스한 햇살이 내리쬐는 토요일 오후, 별숲 공원에 우렁찬 소리가 울려 퍼졌어요. 수리안이 오랜만에 아빠와 함께 배드민턴을 치는 중이었지요. 수리안의 아빠는 아들이라고 봐주는 법 없이 현란한 기술을 구사하며 혼신의 힘을 다해 라켓을 휘둘렀어요. 큰 점수 차로 경기를 진 수리안이 숨을 헉헉대며 아빠에게 투덜거렸어요.

"아무리 승부엔 부자지간도 없다지만, 아들을 상대로 그렇게 진심으로 경기를 하다니, 진짜 아빠가 맞아요?"

"뭐야? 담엔 봐 달라는 소리로 들리는데?"

수리안의 아빠가 싱글거리며 말했어요.

"몰라요!"

입이 쑥 나온 수리안이 툴툴거렸어요. 그때였어요. 띠링 소리
와 함께 매스플레이의 3단계 미션 안내문이 핸드폰에 떴어요.

3단계 미션

집 앞에 있는 승용차를 타고
미션을 수행할 장소로 가세요.
3단계 미션은 '매스플레이코리아 제1센터'에서
진행합니다. 단, 1시간 안에 승용차에
타지 않으면 탈락입니다.

"엥? 1시간 안에 차에 타라고? 바삐 움직여야겠는데."

수리안은 서둘러 집으로 돌아왔어요. 그런데 집 앞에는 정말
매스플레이 글자 로고가 선명히 찍힌 검은색 자동차가 기다리고
있었어요.

"아! 다행이다. 안 늦었네, 헤헤."

수리안은 재빨리 그 차를 타고 출발했어요. 차가 도착한 곳은 매스플레이코리아 제1센터였어요. 그곳은 별숲 마을에서 조금 떨어진 데에 있는 거대한 최신식 건물이었지요. 수리안은 저도 모르게 입이 떡 벌어졌어요.

"와, 엄청 크네. 이 안에서 미션을 하는 거야? 기대되는데!"

수리안이 센터 안으로 들어가자 깔끔하게 꾸며진 로비가 나왔어요. 로비에는 수리안 또래의 아이들이 모여 있었는데, 눈으로 세어 보니 수리안을 포함해서 20명이었지요. 그런데 그중에는 김나운도 있었어요. 훤칠한 키에 잘생긴 얼굴이 단연 돋보였지요. 수리안이 아는 척을 할까 말까 망설이는데, 김나운이 수리안에게 한 손을 흔들면서 성큼성큼 다가왔어요.

"오, 수리안! 여기서 만나니 반갑다. 용케 떨어지지 않고 여기까지 왔구나, 대단한걸! 그럼 게임 때 보자."

"으응. 이따 만나."

김나운은 방금 전처럼 한 손을 흔들고는 돌아섰어요.

"흥, 용케 떨어지지 않고 여기까지 왔다고? 그게 욕이지, 칭찬이야? 에잇, 재수 없는 녀석! 역시 잘난 체하는 성격은 변하지를 않아."

수리안은 꿍얼거리며 떨떠름한 표정으로 김나운의 뒷모습을 바라보았어요. 그때였어요. 누군가 뒤에서 수리안의 어깨를 툭 쳤어요.

"수리안, 안녕. 나 기억해? 나우리야. 이곳에서 다시 만나니 엄청 반가운데."

"당연히 기억하지. 사실 모르는 사람들뿐이어서 어색하고 민망했는데, 너를 만나니 무지 반가워."

"정말?"

"그럼, 정말이지. 헤헤."

수리안과 나우리는 주거니 받거니 하며 수다를 떨었어요. 수리안은 나우리의 얼굴을 바라보며, 왠지 자신과 마음이 잘 맞을 것 같은 예감이 들었지요. 그때 벽에 걸린 커다란 모니터에 한 남자의 얼굴이 나타났어요.

"여러분, 안녕하세요? 매스플레이의 게임 마스터인 아이수입니다. 만나서 반갑습니다."

"우아아아아!"

아이들이 게임 마스터의 인사에 환호하며 박수를 쳤어요.

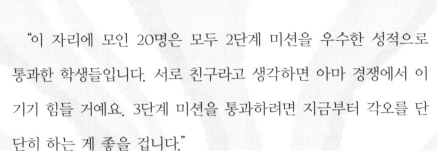

"이 자리에 모인 20명은 모두 2단계 미션을 우수한 성적으로 통과한 학생들입니다. 서로 친구라고 생각하면 아마 경쟁에서 이기기 힘들 거예요. 3단계 미션을 통과하려면 지금부터 각오를 단단히 하는 게 좋을 겁니다."

게임 마스터가 냉정한 목소리로 딱 잘라 말했어요. 아이들의 얼굴이 순식간에 긴장으로 굳어졌지요. 분위기가 갑자기 딱딱해지자 게임 마스터가 방긋 웃으며 말했어요.

"제가 여러분을 너무 긴장시킨 것 같네요. 긴장을 푸는 의미에서 제가 '수학자'로 삼행시를 지어 보겠습니다. 여러분이 운을 띄워 주실래요?"

"수!"

"수학을 잘하려면 어떻게 해야 할까요?"

"학!"

"학자에게 물어보았지요."

"자!"

"자기도 모른답니다."

아이들은 '학자에게 물어보았지요.'에서 뭔가를 기대했다가 마지막 말을 듣고는 모두 황당해했어요. 그런데 게임 마스터는 스스로에게 만족한 듯 환한 표정으로 말을 이었지요.

"여러분의 표정을 보니 제 삼행시에 감동했군요, 하하하. 수학을 잘하는 방법은 한 가지만 있는 게 아니니까 각자 자신만의 방법을 찾아보세요."

게임 마스터의 말에 수리안이 나우리를 바라보며 가만히 소곤거렸어요.

"삼행시가 너무 썰렁해서 소름이 돋아. 게임 마스터가 썰렁한 삼행시를 좋아하는 걸 보니, 진짜 '아이스맨'인걸."

"오, 그거 재밌는데. 지금부터 게임 마스터의 별명은 아이스맨이다!"

나우리의 제안에 수리안이 고개를 끄덕였어요. 그때 게임 마스터의 표정이 진지해졌어요.

"자, 이제 3단계 미션에 대해 설명하겠습니다. 3단계 미션은 두 명이 한 팀이 되어 벌이는 팀 경기입니다. 그러니까 우선 사다리 타기를 통해 두 명씩 팀을 정하세요."

게임 마스터의 얼굴이 보였던 화면은 곧 사다리 타기 화면으로 바뀌었어요. 그러자 수리안이 나우리를 뿌루퉁한 얼굴로 쳐다보았어요.

"팀을 짤 때 짝꿍을 정하는 게 얼마나 중요한데, 사다리 타기로 정하다니. 그건 좀 불공평하지 않아? 사다리 타기를 어떻게 믿을 수 있어?"

"무슨 소리야? 사다리 타기는 복잡하고 스릴이 넘치면서도 매우 공평한 게임이야. 왜냐하면 사다리 타기는 수학의 일대일 대응을 이용한 게임이거든."

"일대일 대응? 그게 뭐야?"

수리안이 고개를 갸우뚱하며 물었어요. 나우리는 핸드폰을 꺼내 몇 가지 그림을 띄워 보여 주었어요.

"대응이란 어떤 두 값이 규칙에 따라 짝을 이루는 것을 말해. 이때 두 값 사이의 관계를 표로 만들면 더 보기 쉬운데, 이를 대응표라고 하지. 예를 들어 피자를 자를 경우, 자르는 횟수와 피자 조각 수 사이의 관계를 표로 정리하면 다음과 같아. 이 표를 보니 어떤 걸 알 수 있어?"

"피자 조각 수가 자르는 횟수의 2배씩 늘어나네."

수리안이 나우리의 핸드폰 화면을 보며 대답하자, 나우리가 살짝 웃어 보이며 고개를 끄덕였어요.

자르는 횟수	1	2	3	4
피자 조각 수	2	4	6	8

"맞아. 그리고 또 하나, 하나의 값에 다른 값이 하나씩 대응된다는 것도 알 수 있어. 이를 '일대일 대응'이라고 해. 사다리 타기는 위쪽과 아래쪽에 같은 개수의 항목을 적어 놓고 세로줄과 가로줄을 그어서 만들어. 그런데 가로줄을 긋기 전에 위쪽과 아래쪽의 항목을 세로줄로만 연결하면 하나씩 짝을 짓는 일대일 대응임을 확실히 알 수 있지. 그럼 가로줄을 그으면 일대일 대응이 깨질까?"

"아니야! 항목이 자리만 바뀔 뿐 일대일 대응은 깨지지 않아."

수리안의 눈이 왕방울만 해지며 목소리가 커졌어요. 그러자 나우리가 쉬 하고 입술에 손가락을 대며 속삭였어요.

"맞아. 사다리에 가로줄을 아무리 많이 그어도 대응하는 값은 자리만 바뀔 뿐 일대일 대응은 깨지지 않아. 그래서 내가 사다리 타기는 공평하다고 한 거야."

"아하, 그렇구나! 이제 알겠어."

새로운 사실을 알게 된 수리안이 고개를 끄덕였어요.

수리안과 나우리를 비롯한 20명의 아이들은 세트장에 온 순서대로 한 명씩 자신이 원하는 자리에 이름을 썼어요. 위쪽에서 사다리 타기를 해서 같은 번호가 나오면 한 팀이 되는 거지요.

"난 3번이 나왔어. 너도 3번이 나오면 진짜 좋을 텐데."

사다리 타기를 해서 3번이 나온 수리안이 초조한 얼굴로 나우리의 사다리 타기 결과를 지켜보았어요. 김나운은 1번을 뽑아 역시 1번을 뽑은 똑똑해 보이는 남자아이와 한 팀이 되었지요. 그런데 김나운의 표정이 영 심드렁했어요. 수리안은 김나운의 얼굴을 보며 생각했어요.

'쟤는 표정이 왜 저래? 나라면 저렇게 똑똑해 보이는 애랑 한 팀이 되면 기뻐서 팔딱팔딱 뛰겠구먼. 자기가 제일 똑똑하니까 짝꿍은 누가 돼도 상관없나? 쳇! 진짜 재수 없네.'

그때 옆에 있던 나우리가 환호성을 지르며 수리안의 어깨를 덥석 잡았어요.

"우아! 나도 3번이야. 우리가 한 팀이 됐어!"

"와, 이런 기적 같은 일이 일어나다니……. 너랑 한 팀이 되기를 바랐지만 정말 될 줄은 몰랐어."

수리안은 어안이 벙벙한 얼굴로 나우리의 환한 얼굴을 쳐다보았어요.

"나도 그래. 사실 난 운동은 좋아하지만 이런 게임은 자신 없거든."

"괜찮아. 여기 있는 애들도 모두 '겜린이'들이니까."

수리안의 말에 나우리가 궁금한 표정으로 물었어요.

"겜린이가 무슨 뜻이야?"

"게임과 어린이를 합친 말인데, 게임을 처음 시작한 사람을 뜻하는 유행어야."

나우리가 흰 이를 드러내며 싱글거렸어요.

"하하, 그거 재밌네. 근데 우리, 왠지 호흡이 잘 맞을 것 같지 않아?"

"나도 그렇게 생각했는데. 우리 벌써 통했네, 헤헤."

나우리가 수리안을 바라보며 나지막이 속삭였어요.

"그럼 우리 팀의 승리를 위해 파이팅을 외쳐 볼까?"

수리안이 힘차게 고개를 끄덕였어요. 수리안과 나우리는 두 손을 포개고는 팔을 번쩍 들며 힘차게 외쳤어요.

"아자, 겜린이 파이팅!"

10개 팀의 구성이 끝나자 로비의 한쪽 문이 열리면서 거대한 세트장이 나타났어요. 세트장을 본 아이들의 입에서 저절로 탄성이 터져 나왔어요. 아이들의 눈앞에 펼쳐진 엄청난 규모의 시설 때문이지요.

"우아! 대단하다. 이런 곳에서 게임을 하다니……."

"그러게 말이야. 인터넷 게임보다 더 스릴 넘치겠는걸!"

수리안과 나우리는 입을 딱 벌린 채 세트장을 둘러보느라 정신이 없었어요. 세트장에는 여러 개의 방이 쭉 연결되어 있는데, 맨 앞쪽 방은 문이 닫혀 있었지요. 그때 화면에서 경쾌한 음악이 흘러나왔어요. 아이들이 화면을 쳐다보자, 게임 규칙에 대한 설명이 떴어요.

◎ 첫 번째 방의 문제를 맞히면 다음 방으로 갈 수 있으며, 틀리면 벌칙이 주어집니다. 벌칙을 끝내면 재도전할 수 있습니다.

◎ 네 번째 방의 문제까지 모두 맞히면 3단계 미션 성공입니다.

◎ 미션을 통과한 시간에 따라 팀별로 보너스 점수가 주어집니다.

아이들이 게임 규칙을 다 읽자, 화면에 다시 게임 마스터가 나타나 밝고 통통 튀는 목소리로 외쳤어요.

"3단계 미션의 규칙을 모두 이해하셨죠? 그럼 모두 첫 번째 방으로 들어가 주세요."

게임 마스터의 지시에 따라 아이들은 첫 번째 방으로 들어갔어요. 그곳에는 출구 옆에 진행 요원이 지키고 있었지요.

"이렇게 큰 세트장을 짓고 진행 요원까지 있다니, 도대체 이 게임을 만든 사람은 누구일까?"

수리안이 방을 둘러보며 중얼거렸어요. 그사이 중앙에 매달린 커다란 모니터 화면에 다시 게임 마스터가 나타나서 게임에 대해 설명했어요.

"첫 번째 문제는 열 팀 모두에게 동시에 주어집니다. 정답을 아는 팀은 먼저 '정답!'을 외치고, 진행 요원에게 정답을 말하면 됩니다. 정답을 맞히면 다음 방으로 갈 수 있지만, 틀리면 벌칙을 받고 다시 도전해야 하지요. 자, 준비되셨나요? 그럼 게임을 시작합니다."

게임 마스터의 말이 끝나자마자 띠링 소리와 함께 화면이 바뀌며 문제가 나타났어요.

다음 그림은 고대 이집트에서 수를 표현한 방법입니다.
<보기>와 같이 고대 이집트 수를 아라비아 수로
나타내세요.

수	고대 이집트 숫자	설 명
1	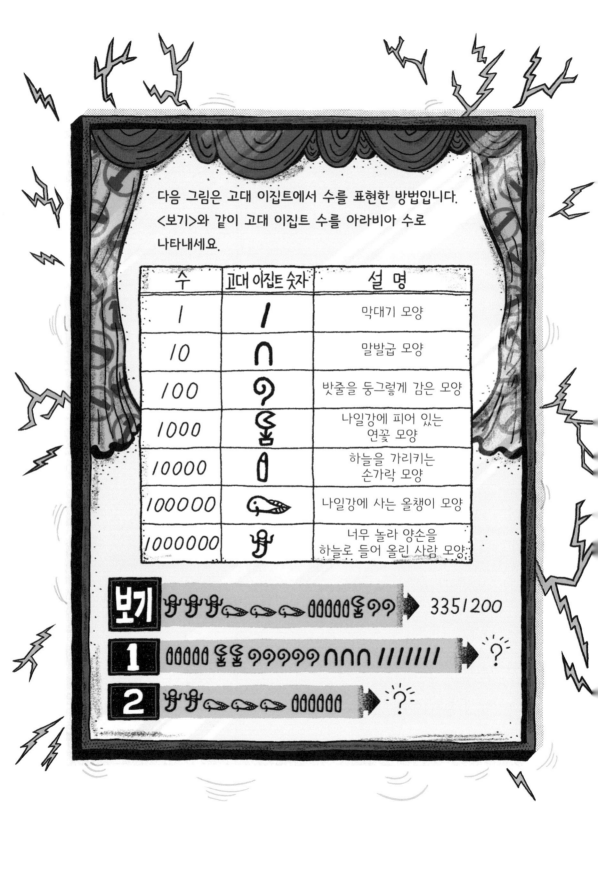	막대기 모양
10		말발굽 모양
100		밧줄을 둥그렇게 감은 모양
1000		나일강에 피어 있는 연꽃 모양
10000		하늘을 가리키는 손가락 모양
100000		나일강에 사는 올챙이 모양
1000000		너무 놀라 양손을 하늘로 들어 올린 사람 모양

보기 ➡ 3351200

1 ➡ ※?※

2 ➡ ※?※

"이 문제는 큰 수를 알면 금방 풀 수 있겠는데."

수리안이 나우리에게 한쪽 눈을 찡긋하며 말했어요. 그러자 나우리가 고개를 끄덕이며 되물었어요.

"그런데 내가 큰 수에 좀 약해서 확인하는 건데, 10000이 10개면 100000(10만), 100개면 1000000(100만), 1000개면 10000000(1000만)이지?"

"맞아, 그러니까 10000이 5294개이면 52940000 또는 5294만이라고 쓰고, 오천이백구십사만이라고 읽으면 돼. 자리 수가 많아 한눈에 알아보기 어려우면 일의 자리부터 네 자리씩 나누어 표시를 하여 읽으면 편리하지."

천만	백만	십만	만	천	백	십	일
5	2	9	4	0	0	0	0

5	0	0	0	0	0	0	0
	2	0	0	0	0	0	0
		9	0	0	0	0	0
+			4	0	0	0	0
5	2	9	4	0	0	0	0

수리안과 나우리는 시간 절약을 위해 1번과 2번 문제를 하나씩 맡아서 계산하기로 했어요. 수리안이 한창 문제를 풀고 있는데, 김나운 팀이 어느새 문제를 풀었는지 "정답!"하고 크게 외치더니 진행 요원에게 다가갔어요. 그 모습을 본 수리안의 얼굴에는 초조한 빛이 역력했어요.

"뭐야? 쟤네는 왜 저렇게 빨라?"

김나운의 정답을 들은 진행 요원은 아이들을 통과시켜 주었어요. 문제에 집중하지 못하고 김나운을 곁눈질하던 수리안은 두 번째 방으로 가는 김나운과 눈이 마주쳤어요. 김나운은 수리안에게 파이팅을 외치며 유유히 두 번째 방으로 들어갔지요. 수리안은 "엄청 잘난 체하네."하며 투덜거렸어요.

이어서 다른 팀도 정답을 외치며 진행 요원에게 달려갔어요. 그런데 그 팀의 대답을 들은 진행 요원은 커다란 목소리로 말했어요.

"오답입니다. 5분 동안 대기한 다음 다시 도전하세요."

"뭐? 5분이나 시간을 까먹는 거야? 정신 바짝 차리자."

나우리가 수리안을 바라보며 주먹을 불끈 쥐어 보였어요. 둘은 빠른 속도로 계산을 해 나갔지요.

1번에서 손가락 모양은 10000인데 5개니까 50000이고,
연꽃 모양은 1000인데 2개니까 2000이야.
밧줄을 감은 모양은 100이니까 5개라서 500,
말발굽 모양은 10이고 3개니까 30,
막대기 모양은 7개니까 7이야.
이를 모두 더하면
50000 + 2000 + 500 + 30 + 7 = 52537이야.

나우리가 1번 정답을 말하자, 수리안도 재빨리 2번 정답을 얘

기했어요.

2번에서 너무 놀라 양손을 하늘로 들어 올린 사람 모양은
2개니까 2000000,
올챙이 모양은 3개니까 300000,
손가락 모양은 6개니까 60000이야.
모두 더하면
2000000 + 300000 + 60000 = 2360000이니까
정답은 2360000이야.

그사이에 벌써 다른 팀 하나가 정답을 맞히고 두 번째 방으로
들어갔어요. 수리안과 나우리도 마음이 조급해져 얼른 정답을 외
치고 진행 요원에게 달려갔지요. 수리안이 침착하게 정답을 말하

자, 진행 요원이 "정답, 통과합니다."라고 외쳤어요.

"아싸! 통과야."

첫 번째 문제를 맞힌 수리안과 나우리는 하이 파이브를 하고는 서둘러 두 번째 방으로 들어갔어요. 두 번째 방의 모니터 화면에서 띠링 소리와 함께 게임에 대한 설명이 나타났어요.

◉ 이번 문제는 팀원끼리 역할을 나누어 풀어야 합니다.

① 한 명은 저금통에 든 돈을 계산하여 그 액수를
   다른 한 명에게 알려 줍니다.
② 다른 한 명은 탁자 위의 물건 가운데 그 돈으로 살 수 있는
   가장 비싼 물건을 골라 진행 요원에게 제출하면 됩니다.
③ 제한 시간은 2분입니다.
   시간을 초과하거나 오답일 경우 실패입니다.
   벌칙으로 러닝머신 위를 4km 달리면 재도전할 수 있습니다.

수리안이 슬쩍 방 안을 살펴보니 김나운은 저금통에 든 돈을 세고 있었어요. 그런데 김나운은 성격이 워낙 꼼꼼하다 보니 돈을 셀 때에도 빈틈없이 하나하나 확인하는 바람에 시간이 걸리는 듯했지요. 그 모습을 본 수리안의 입꼬리가 살짝 올라갔어요.

"그럼 그렇지. 그 성격이 어디 가겠어? 돈 세느라 시간 다 가겠네. 잘하면 역전도 가능하겠는데."

먼저 들어간 또 다른 팀 역시 한창 돈을 세고 있었어요. 그때 나우리가 수리안을 툭 치며 말했어요.

"우리도 얼른 시작해야지. 돈은 네가 세. 아무래도 난 계산이 좀 서툴러서 말이야."

"오케이. 나만 믿어. 빛의 속도로 돈을 셀 테니까!"

수리안은 나우리에게 큰소리를 쳤어요.

"지폐와 동전별로 분류해서 개수를 센 다음에 더하기만 하면 되지. 하나, 둘, 셋⋯⋯."

수리안은 저금통에서 돈을 꺼낸 뒤, 우선 지폐와 동전으로 분류했어요. 그다음 지폐는 오만 원, 만 원, 천 원짜리로 분류하고, 동전은 오백 원과 백 원짜리로 분류했지요.

김나운을 앞지르기 위해 수리안이 눈에 불을 켜고 지폐를 다

1장 7장 20장

센 다음 동전을 세고 있는데, 김나운 팀이 세 번째 방으로 들어
가는 모습이 보였어요.

"어, 나운이 팀은 벌써 다 풀었네! 이거 어떡하지?"

"수리안, 계산에 집중하지 않고 뭐 하는 거야?"

나우리의 호통에 수리안은 깜짝 놀랐어요.

"미안. 동전만 세면 되니까 빨리 할게. 어, 근데 백 원짜리가
몇 개였지?"

수리안은 김나운에게 신경 쓰느라 문제에 집중하지 못했어요.
수리안은 결국 동전을 다시 세었지요.

"나우리, 저금통 안의 돈은 167800원이야. 얼른 이 돈으로 살 수 있는 가장 비싼 물건을 골라 봐."

"오케이, 이다음은 내게 맡겨!"

수리안이 물건이 놓여 있는 탁자로 달려갔어요. 탁자 위에는 시계, 만년필, 운동화, 게임기, 책가방이 있고, 가격표가 놓여 있었지요. 나우리는 물건들의 가격표를 찬찬히 살펴보았어요.

| 시계 | 만년필 | 운동화 | 게임기 | 책 가방 |
| 154500원 | 166300원 | 165900원 | 162500원 | 159700원 |

"가격은 모두 여섯 자리이니까 가장 높은 자리 수부터 차례로 비교하면 되겠지? 가장 높은 십만의 자리 수는 모두 같은 1이야. 만의 자리 수를 비교하면 시계와 책가방은 5니까 제외야. 남은 만년필, 운동화, 게임기는 만의 자리 수가 6으로 같지만, 천의 자리 수가 6, 5, 2이므로 만년필이 제일 높아. 따라서 저금통에 든 돈 167800원으로 살 수 있는 가장 비싼 물건은 만년필이야."

물건의 종류	자리 수	십만	만	천	백	십	일
시계	6자리 수	1	5	4	5	0	0
만년필	6자리 수	1	6	6	3	0	0
운동화	6자리 수	1	6	5	9	0	0
게임기	6자리 수	1	6	2	5	0	0
책가방	6자리 수	1	5	9	7	0	0

나우리는 서둘러 만년필을 골라 진행 요원에게 제출했어요. 그런데 이게 웬일? 진행 요원은 건조한 목소리로 말했어요.

"제한 시간인 2분을 넘겼으므로 실패입니다."

수리안이 풀 죽은 목소리로 말했어요.

"미안해. 내 탓이야. 내가 김나운에게 신경 쓰느라 집중하지 못해서 돈 세는 데 시간을 너무 많이 잡아먹었어."

"괜찮아. 빨리 벌칙 받고 다시 도전하면 돼. 내가 체력은 자신 있거든. 한번 믿어 봐."

나우리가 큰소리를 탕탕 치며 수리안을 위로했어요. 두 사람이 벌칙을 받으러 가는 사이에 방 안에 있던 또 다른 팀이 세 번째 방으로 들어갔어요. 그 모습을 본 두 사람은 서둘러 러닝머신에 올랐지요. 그런데 달리기를 시작하자마자 수리안은 금방 헉헉거리기 시작했어요.

"후아후아, 왜 이렇게 속도가 빨라? 힘들어 죽겠네."

"속도가 빨라야 얼른 4km를 뛰잖아. 힘들면 넌 속도를 줄여. 내가 더 빨리 뛸게."

수리안이 가쁜 호흡을 주체하지 못해 헐떡거리는 데 비해, 나우리의 호흡은 전혀 흐트러지지 않았어요. 수리안이 정신을 놓고 달리는데, 나우리가 갑자기 러닝머신에서 내려와 수리안의 러닝머신을 멈춰 세웠어요.

"그만 뛰어도 돼. 4km 다 뛰었거든."

"헉헉, 벌써? 너 정말 체력이 대단한데!"

수리안이 나우리에게 엄지손가락을 세워 보였어요. 나우리는 별거 아니라는 듯 흘러내리는 땀을 닦으며 대답했어요.

"아빠가 태권도 국가대표 출신이야. 나도 아빠를 닮았는지 체력만큼은 자신 있어."

벌칙을 끝낸 수리안과 나우리는 문제에 다시 도전했어요. 이번에는 나우리가 새로 받은 저금통에서 돈을 세고, 수리안이 물건을 골라 정답을 맞혔지요. 두 사람은 하이 파이브를 하고는 서둘러 세 번째 방을 향해 뛰어갔어요.

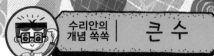

다섯 자리 수

다섯 자리 이상의 수를 '큰 수'라고 해. 큰 수는 어떤 때에 필요할까? 우리나라의 인구를 나타낼 때, 컴퓨터나 자동차 같은 비싼 물건의 가격을 나타낼 때, 우리 가족의 한 달 생활비를 나타낼 때 등등 많은 상황에서 큰 수가 필요하지.

그럼 다섯 자리 수를 쓰고 읽는 방법에 대해 알아볼까? 예를 들어 24387은 10000이 2개, 1000이 4개, 100이 3개, 10이 8개, 1이 7개인 수를 말하고 '이만 사천삼백팔십칠'이라고 읽어.

만의 자리	천의 자리	백의 자리	십의 자리	일의 자리
2	4	3	8	7

↓

만의 자리	천의 자리	백의 자리	십의 자리	일의 자리
2	0	0	0	0
	4	0	0	0
		3	0	0
			8	0
				7

$$24387 = 20000 + 4000 + 300 + 80 + 7$$

십만, 백만, 천만, 억, 조

이번엔 좀 더 큰 수야. 2030년에 우리나라의 예상 인구수는 52940000 명이래. 이렇게 큰 수도 자릿값을 잘 이해하고 있으면 쉽게 읽을 수 있어.

10000이 10개면 100000 또는 10만이라고 쓰고 십만이라고 읽어.

10000이 100개면 1000000 또는 100만이라고 쓰고 백만이라고 읽어.

10000이 1000개면 10000000 또는 1000만이라고 쓰고 천만이라고 읽지.

수	쓰기	읽기
10000이 10개인 수	100000, 10만	십만
10000이 100개인 수	1000000, 100만	백만
10000이 1000개인 수	10000000, 1000만	천만

그러니까 10000이 5294개이면 52940000 또는 5294만이라고 쓰고, '오천이백구십사만'이라고 읽어. 5294만의 각 자리 숫자가 나타내는 자릿값 은 다음과 같아.

천만	백만	십만	만	천	백	십	일
5	2	9	4	0	0	0	0

5	0	0	0	0	0	0	0
	2	0	0	0	0	0	0
		9	0	0	0	0	0
			4	0	0	0	0

큰 수를 읽을 때 일의 자리부터 네 자리씩 끊은 다음 앞에서부터 읽어.

다음으로 억과 조에 대해 알아볼까? '억'은 1000만이 10개인 수를 말해. 100000000 또는 1억이라 쓰고, 억 또는 일억이라고 읽어. 그러니까 1억이 5335개이면 533500000000 또는 5335억이라 쓰고, '오천삼백삼십오억'이라고 읽는 거야.

'조'는 1000억이 10개인 수를 말하는데, 1000000000000 또는 1조라 쓰고, 조 또는 일조라고 읽어. 따라서 1조가 2348개이면 2348000000000000 또는 2348조라 쓰고, '이천삼백사십팔조'라고 읽는 거야.

이렇게 큰 수를 보면 어떻게 읽을지 걱정부터 앞서겠지만 다 읽는 방법이 있어. 큰 수는 일의 자리부터 네 자리씩 나누어 만, 억, 조를 이용하면 쉽게 읽을 수 있어.

① 1000억이 10개인 수 → 쓰기: 1000000000000 또는 1조

　　　　　　　　　　　　읽기: 조 또는 일조

② 1조가 2348개인 수 → 쓰기: 2348000000000000 또는 2348조

　　　　　　　　　　　　읽기: 이천삼백사십팔조

③ 2348000000000000의 각 자리의 숫자와 나타내는 값

2	3	4	8	0	0	0	0	0	0	0	0	0	0	0	0
천	백	십	일	천	백	십	일	천	백	십	일	천	백	십	일
			조				억				만				일

수의 크기 비교

가끔 우리 주변에서 큰 수의 크기를 비교해야 할 때가 있어. 읽기도 힘든데 수의 크기까지 비교하려면 어려울 것 같지만, 다음과 같은 순서로 하면 효과적으로 수의 크기를 비교할 수 있어.

① 자리 수가 같은지 다른지 비교해 봐.

② 자리 수가 다르면 자리 수가 많은 쪽이 더 큰 수야.

③ 자리 수가 같으면 가장 높은 자리 수부터 차례로 비교하여 수가 큰 쪽이 더 큰 수이지.

예를 들어 173260000과 74650000의 크기를 비교한다고 했을 때 두 수의 자리 수가 다르기 때문에 자리 수가 많은 쪽이 더 큰 수야.

$$173260000 \quad > \quad 74650000$$
$$9자리 \qquad\qquad 8자리$$

만약 95840000과 97720000처럼 두 수의 자리 수가 여덟 자리로 같을 경우에는 가장 높은 자리 수부터 비교하여 수가 큰 쪽이 더 큰 수야.

$$95840000 \quad < \quad 97720000$$
$$백만의 자리 수 5 < 7$$

제4장
최종 미션을 통과하라!

벌칙을 받고 두 번째 문제를 겨우 통과한 수리안과 나우리는
조급한 마음에 뛰다시피 세 번째 방으로 들어갔어요. 두 사람이
땀을 닦으며 방 안을 둘러보니, 방의 중앙에 진행 요원이 서 있
고 양쪽 벽에는 여러 나라의 국기가 걸려 있었지요.

"어? 사회 과목도 아닌데, 웬 국기지?"

"그러게."

수리안과 나우리가 고개를 갸웃거렸어요.

그때 모니터 화면에

문제가 나왔어요.

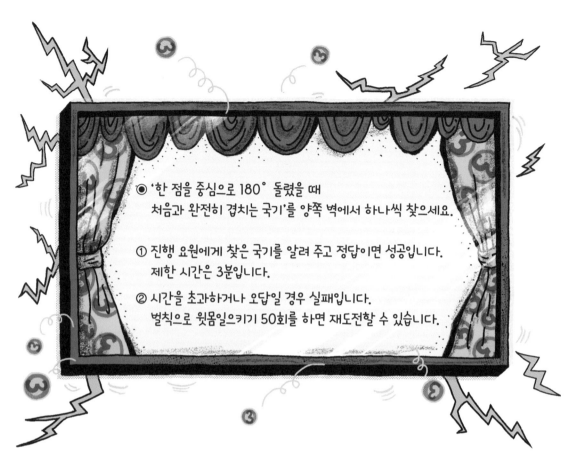

◉ '한 점을 중심으로 180° 돌렸을 때
처음과 완전히 겹치는 국기'를 양쪽 벽에서 하나씩 찾으세요.

① 진행 요원에게 찾은 국기를 알려 주고 정답이면 성공입니다.
제한 시간은 3분입니다.

② 시간을 초과하거나 오답일 경우 실패입니다.
벌칙으로 윗몸일으키기 50회를 하면 재도전할 수 있습니다.

나우리가 양쪽 벽에 걸린 국기를 쳐다보며 중얼거렸어요.

"한 점을 중심으로 180° 돌렸을 때 처음과 완전히 겹친다는 건 점대칭도형을 뜻하는 말인데. 그렇다면 점대칭도형인 국기를 찾으라는 얘기네?"

그런데 수리안은 문제를 푸는 일보다 김나운 팀이 뭘 하는지 궁금하여 사방을 두리번거렸어요. 수리안과 나우리보다 먼저 들어온 팀은 두 팀인데, 이상하게 김나운 팀은 보이지 않고 다른

점대칭 도형

한 점을 중심으로 180도 돌렸을 때의 모습이야.

대칭의 중심

한 팀만 벌칙을 받고 있었지요.

"어? 김나운 팀이 안 보이네. 벌써 문제를 풀고 마지막 방으로 갔나?"

수리안은 불안한 마음을 억누르며 진행 요원에게 김나운 팀에 대해 물어보았어요. 그랬더니 김나운 팀은 벌써 정답을 맞히고 마지막 방으로 갔다고 시원스레 알려 주었지요.

"허, 빠르네."

수리안이 어깨를 축 늘어뜨리며 침울해하자, 잠자코 지켜보던 나우리가 힘찬 목소리로 외쳤어요.

"우리도 얼른 시작해야지. 왼쪽 벽은 네가 맡아. 오른쪽 벽은 내가 맡을게."

"어, 알았어. 미안!"

그동안 게임을 진행하면서 너무 김나운 팀에만 신경을 쓴 탓에 수리안은 나우리를 볼 면목이 없었어요. 그래서 자신의 경솔한 행동을 만회하고 문제에 집중하기 위해 두 눈에 힘을 팍 주고 왼쪽 벽에 붙은 국기를 뚫어져라 쳐다보았지요. 하지만 여러 나라 국기들이 섞여 있다 보니 정답을 찾아내는 일이 생각보다 쉽지 않았어요.

"휴, 좀 헷갈리는걸? 선대칭도형을 찾는 문제였으면 좋았을 텐데……. 선대칭도형은 한 직선을 따라 접었을 때 완전히 겹치는 도형이니까 금방 찾았을 거야."

수리안은 한바탕 한숨을 내쉬고는 혼잣말로 중얼거렸어요.

"차근차근 풀어야겠어. 우선 시리아, 독일, 베트남, 캐나다는 선대칭도형이니까 빼고, 남은 중국, 튀르키예, 영국, 트리니다드 토바고 중에서 중국, 튀르키예는 대칭이 아니니까 빼면 돼. 그럼

영국하고 트리니다드 토바고가 남는데, 둘 중 하나가 점대칭도형
이라는 얘기야. 180° 돌려서 겹치는 국기는……."

벽에 걸린 국기를 바라보며 한참을 생각하던 수리안이 소리쳤
어요.

"앗! 영국과 트리니다드 토바고 국기가 모두 점대칭도형이네?
두 국기 중 하나일 거라고 생각했는데."

수리안은 벽에서 트리니다드 토바고 국기를 떼어 내며 고개를 절레절레 흔들었어요. 트리니다드 토바고 국기에 비해 영국 국기가 꽤 복잡해서 수리안은 머릿속으로 영국 국기를 몇 번씩이나 돌려 보았거든요. 반면에 나우리는 점대칭도형인 스위스 국기를 금방 찾아냈어요.

"오른쪽 벽에는 함정이 있었어. 선대칭도형이면서 점대칭도형인 국기가 있더라고. 그래서 약간 헷갈렸네."

수리안과 나우리가 트리니다드 토바고와 스위스 국기를 가져오자 진행 요원이 말했어요.

"정답! 그런데 이 국기가 어느 나라 국기인지 아니? 국기의 나라 이름까지 맞히면 보너스 점수가 주어지거든."

그 말에 수리안이 함박웃음을 터트리며 자신 있는 목소리로 대답했어요.

"이건 트리니다드 토바고 국기이고, 저건 스위스 국기예요."

"정답이야. 보너스 점수가 주어질 거야."

진행 요원이 빙그레 웃으며 말했어요. 나우리의 눈이 휘둥그레졌어요.

"와, 너 정말 대단하다. 어떻게 트리니다드 토바고라는 나라까지 알아?"

나우리가 진심으로 감탄하자, 부끄러워진 수리안은 얼굴을 살짝 붉혔어요. 나라 이름까지 맞혀서 보너스 점수를 받은 두 사람은 신이 나서 마지막 방으로 들어갔지요. 마지막 방은 규모가 엄청 컸어요. 방 안에는 특이하게 사람이 올라갈 수 있을 정도로 커다란 기둥이 세워진 세트장이 있었어요. 기둥 밑에는 아이들이 떨어지면 다치지 않게 스펀지가 깔려 있었지요.

"우아! 크기가 어마어마한걸."

수리안이 입을 떡 벌렸어요. 나우리도 무척 놀랐는지 커다란 눈을 껌벅이며 속삭였어요.

"그러게. 마지막 문제가 뭘지 정말 궁금한데?"

그때 모니터 화면에 문제가 나왔어요.

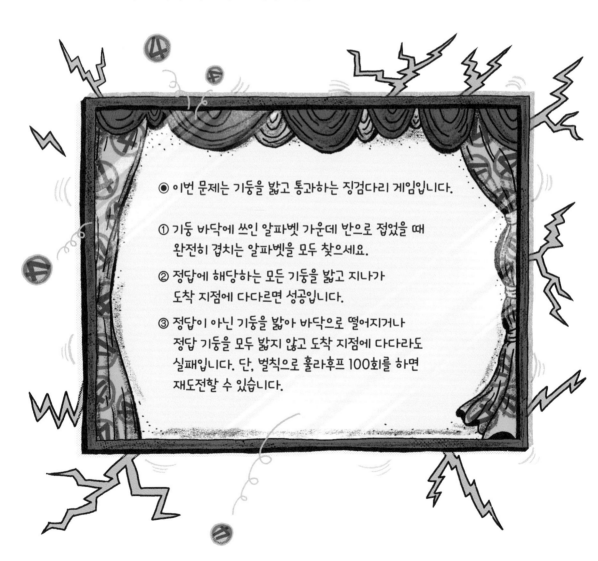

◉ 이번 문제는 기둥을 밟고 통과하는 징검다리 게임입니다.

① 기둥 바닥에 쓰인 알파벳 가운데 반으로 접었을 때 완전히 겹치는 알파벳을 모두 찾으세요.

② 정답에 해당하는 모든 기둥을 밟고 지나가 도착 지점에 다다르면 성공입니다.

③ 정답이 아닌 기둥을 밟아 바닥으로 떨어지거나 정답 기둥을 모두 밟지 않고 도착 지점에 다다라도 실패입니다. 단, 벌칙으로 훌라후프 100회를 하면 재도전할 수 있습니다.

문제를 본 수리안과 나우리가 파이팅을 외치며 기둥이 세워진 세트장으로 올라가려고 하자, 진행 요원이 앞을 가로막으며 말했어요.

"앞 팀이 문제를 풀고 있으면 올라갈 수 없단다."

그 말에 궁금증이 도진 수리안이 세트장 위를 기웃기웃했어요. 세트장에는 김나운과 짝꿍이 두 손을 맞잡고 기둥을 힘껏 뛰어 도착 지점에 다다르는 모습이 보였지요.

"쳇, 그럴 줄 알았어. 김나운 팀이 1등이네."

수리안이 입을 쑥 내민 채 말했어요. 그러자 나우리가 깜짝 놀라며 대꾸했어요.

"뭐? 벌써? 우아, 쟤네 진짜 대단하다."

그때였어요. 세트장의 도착 지점에 있던 진행 요원의 건조한 목소리가 흘러나왔어요.

"밟지 않은 정답 기둥이 있습니다. 실패입니다."

수리안은 그 모습을 보고 너무 놀라 눈이 왕방울만 해졌어요.

"이럴 수가! 김나운이 실패하다니……. 잠깐만, 그럼 이제 우리 차례잖아?"

얼떨결에 역전의 기회를 잡은 수리안은 얼마나 긴장했는지 콧

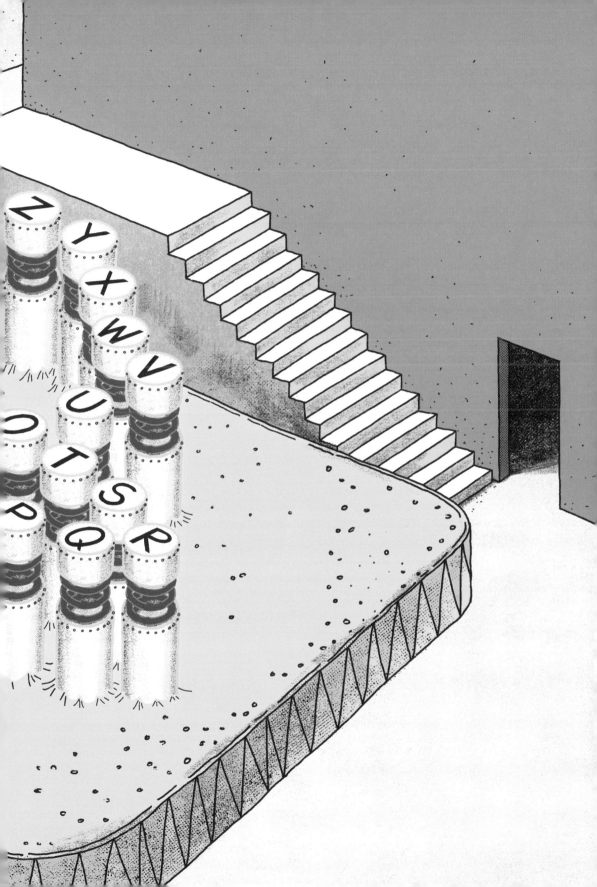

등에 송골송골 땀이 다 맺혔어요. 하지만 수리안과 달리 나우리 는 전혀 긴장한 기색 없이 씩씩하게 앞장서 계단을 올라갔지요.

그런데 출발 지점에 선 수리안의 모습이 좀 이상했어요. 얼굴 이 새파랗게 질리더니, 손까지 덜덜 떨었지요. 나우리는 수리안 의 모습을 알아채지 못한 채 수리안에게 소곤거리며 물었어요.

"반으로 접었을 때 완전히 겹치는 알파벳을 찾으라는 건 선대 칭도형을 찾으라는 뜻이지?"

"끄~으~응."

수리안이 덜덜 떨리는 손을 맞잡으며 간신히 대답했어요. 그러 자 나우리가 자신 있게 말했어요.

"알파벳 중에 선대칭도형인 것은 A, H, I, M, O, T, U, V, W, X, Y뿐이야. 그러니까 기둥에서 여기에 해당하는 알파벳이 쓰인 기 둥만 밟고 통과하면 돼. 자, 얼른 출발하자."

선대칭인 알파벳은 이것뿐이야.

AHIMOTUVWXY

그런데 수리안은 기둥 아래를 내려다보지 못하고 계속 머뭇머뭇하며 망설였어요. 그 모습을 본 나우리가 독촉을 했어요.

"뭐 해? 빨리 시작해야지!"

수리안이 더듬거리며 대답했어요.

"무, 무서워서 안 되겠어. 나 사실 고소 고포증이 있거든."

"뭐? 고소 공포증? 높은 곳에 있으면 꼭 떨어질 것 같은 생각이 드는 병 말이야?"

"응, 올려다볼 땐 별로 높지 않아 보였는데, 막상 올라와 보니까 꼼짝도 못 하겠어."

수리안은 울상이 되었어요.

"어떡해, 움직일 수 있겠어?"

나우리가 안타까운 표정으로 물었어요.

"아니. 밑을 보니 어질어질해서 못 움직이겠어. 그러니까 너 먼저 출발해야 할 것 같아. 나는 좀 이따 진정되면 출발할게."

수리안이 미안해하며 기어들어 가는 목소리로 대꾸했어요. 그때 옆에서 두 사람의 이야기를 들은 진행 요원이 고개를 가로저으며 말했어요.

"두 사람이 따로 가는 건 안 돼. 반드시 두 사람이 함께 행동

해야 해. 그렇지 않으면 탈락이야. 3분 안에 출발하지 않으면 탈락시킬 수밖에 없어."

"후유. 수리안, 이제 어떡하지? 이대로 포기할 거야?"

"미안해. 그래도 무서운 걸 어떡해."

수리안과 나우리는 서로 얼굴을 마주보며 고민에 빠졌어요. 수리안의 얼굴은 점점 창백해져 갔어요. 수리안이 주저하는 동안 째깍째깍, 시간은 계속 흘러갔지요. 그때 고민하던 나우리가 무언가 생각난 듯 눈을 동그랗게 떴어요.

"나에게 좋은 생각이 났어. 내가 너를 업고 뛰어서 기둥을 밟을게. 너는 알파벳 정답이 쓰여 있는 기둥을 찾아서 내게 알려 줘. 진행 요원님, 두 사람이 같이 행동하기만 하면 된다고 했으니까 이렇게 해도 별문제 없죠?"

나우리의 물음에 진행 요원이 고개를 끄덕끄덕했어요. 그러자 나우리는 기다렸다는 듯 수리안을 업고 바로 출발했어요. 듬직한 나우리의 등 뒤에 업히자, 수리안은 부끄러웠지만 두려운 마음이 많이 가라앉았지요. 그래서인지 알파벳 정답이 눈에 쏙쏙 들어왔어요.

"나우리, 먼저 A 기둥으로 가."

수리안이 A라고 쓰인 기둥을 손가락으로 가리켰어요. 그 말에 나우리가 "오케이!" 하며 가볍게 A 기둥을 향해 뛰었어요. 수리안이 환하게 웃으며 다음 정답을 찾아 두리번거리던 순간, 문득 한 가지 생각이 스쳤어요.

'문제가 그다지 어렵지 않은데 김나운이 틀렸단 말이야? 이상하네? 그럴 리가 없는데……'

수리안은 심각한 얼굴로 고민에 빠졌어요. 수리안이 뜸을 들이자, 기다리던 나우리가 재촉했어요.

"수리안, 빨리 다음 알파벳 기둥을 찾아야지, 뭐 해?"

그때였어요. 수리안이 흥분한 목소리로 소리 높여 말했어요.

"잠깐만! 우리 큰일 날 뻔했어."

"왜? 뭐가 잘못됐는데?"

나우리가 등 뒤의 수리안을 추켜올리며 물었어요. 수리안의 얼굴은 흥분으로 발그레해졌어요.

"함정이 있었어."

"뭐? 함정?"

"응. 보통 선대칭도형은 세로로 접는 경우만 생각하는데, 가로로 접는 경우도 생각해야 해. 그러니까 알파벳 중에 대칭축이 가로인 선대칭도형 B, C, D, E, H, I, K, O, X도 추가해야 맞아. 여기서 중복되는 H, I, O, X를 빼면 알파벳 중에 선대칭도형은 A, B, C, D, E, H, I, K, M, O, T, U, V, W, X, Y로 모두 16개야. 아까는 미처 그 생각을 못 했어."

가로로 선대칭인
알파벳도
추가해야 해.

BCDEK

"와, 그렇구나! 진짜 큰일 날 뻔했다. 이렇게 힘든 와중에도 넌 참 침착하구나. 대단해."

나우리가 입에 침이 마르도록 수리안을 칭찬했어요. 그 말에 수리안은 금세 얼굴이 빨갛게 물들면서 수줍어했어요.

"흠흠, 칭찬은 그만하고, 얼른 B가 쓰인 왼쪽 기둥으로 옮겨 가는 게 어때?"

수리안이 민망함에 헛기침을 하며 B가 쓰인 기둥을 가리켰어요. 그러자 나우리가 한쪽 눈을 찡긋하더니 고분고분한 말투로 대답했어요.

"네네, 알겠습니다."

두 사람은 혼연일체가 되어 열심히 문제를 풀어 나갔어요. 그런데 중간 지점부터 나우리의 속도가 조금씩 느려졌어요. 수리안을 추켜올리는 횟수도 점점 늘어 갔지요. 수리안은 미안함에 어쩔 줄 몰랐어요.

"나우리, 무겁지? 내가 내려갈까? 괜찮을 것도 같은데."

"아냐, 내렸다가 다시 업으려면 그게 더 힘들어. 내가 조금만 더 힘내 볼게."

그렇게 두 사람이 마지막 줄의 기둥들 앞에 섰어요. 왼쪽의 X가 쓰인 기둥으로 발을 내딛던 나우리가 순간 왼쪽으로 기우뚱했어요.

"앗!"

수리안이 외마디 소리를 지르며 얼른 오른쪽으로 중심을 옮겼어요. 그러자 나우리가 가까스로 중심을 잡고 섰어요.

"후유!"

두 사람은 깊은 한숨을 내쉬었어요. 나우리는 다시 한 번 심호

흡을 하고는 조심스레 Y가 쓰인 기둥으로 걸음을 옮겼어요. 그리고 마침내 도착 지점에 다다랐지요. 두 사람은 환호성을 지르고 싶었지만, 혹시 빠트린 알파벳이 있을지 몰라 가슴이 조마조마했어요. 두 사람은 진행 요원의 입만 쳐다보았어요.

"정답입니다. 축하합니다!"

그 말에 두 사람은 감격에 겨워 서로 얼싸안으며 기뻐서 어쩔 줄을 몰랐어요.

"우아, 우리가 1등이야!"

수리안이 신이 나서 함성을 지르자, 나우리도 싱글거리며 말했어요.

"맞아! 이게 다 네가 대칭축이 가로인 선대칭 알파벳을 생각해 낸 덕분이야."

수리안도 나우리에게 고마움을 표했어요.

"아니야, 네가 나를 업어 주지 않았다면 한 발짝도 떼지 못했을 거야. 역시 힘들 때일수록 중꺾마야."

"중꺾마는 또 무슨 뜻이야?"

"중요한 건 꺾이지 않는 마음의 줄임말이지. 히히."

마지막 방을 통과한 수리안과 나우리는 대기실에서 휴식을 취

하며 다른 팀이 끝나기를 기다렸어요. 김나운 팀은 두 번째로 성공했지요. 잠시 후, 모든 참가 팀이 문제를 풀고 한자리에 모이자, 모니터 화면에 게임 마스터의 얼굴이 나타났어요.

"모두 고생하셨습니다. 게임이 다 끝났지만 여전히 여러분 얼굴에 긴장감이 도네요. 그럼 결과가 나올 동안 '어머니'로 삼행시를 지어 볼까요?"

삼행시라는 말에 아이들 사이에서 "우!" 하는 야유가 터져 나왔어요. 하지만 게임 마스터는 이에 굴하지 않고 꿋꿋하게 말했지요.

"삼행시가 이렇게 여러분에게 환영받을 줄은 몰랐네요. 자, 그럼 운을 띄워 주시겠어요?"

그 말에 아이들은 조금 전의 야유도 잊고 한 글자씩 운을 띄웠어요.

"어!"

"어머니께 성적표를 보여 드렸습니다."

"머!"

"머리를 쓰다듬으시며 말씀하셨지요."

"니!"

"니, 몇 대 맞을래?"

게임 마스터의 삼행시를 들은 수리안이 먼저 풋 하고 웃었어요. 그러자 연이어 다른 아이들도 웃음보가 터졌지요. 모두 서로의 얼굴을 쳐다보며 낄낄대고 웃었어요. 아이들이 한바탕 웃고 나자 게임 마스터가 환하게 웃으며 말했어요.

"여러분이 너무 긴장한 것 같아 삼행시로 분위기 좀 띄워 보았습니다. 하하."

나우리가 어이없다는 듯 고개를 갸웃했어요.

"아이스맨은 정말 자신이 삼행시로 분위기를 띄웠다고 생각하나? 사실 난 분위기에 휩쓸려서 어쩔 수 없이 웃은 건데."

"썰렁한 게 완전 아이스맨이잖아. 우리 삼촌의 아재 개그랑 분위기가 비슷해서 재밌는데."

수리안의 말에 나우리가 황당한 표정을 지었어요. 그때 게임 마스터가 3단계 미션의 팀별 순위를 발표했어요. 예상대로 가장 빠른 시간에 마지막 문제까지 완료한 수리안과 나우리의 팀이 1등이었지요. 덕분에 두 사람에게는 가장 높은 팀별 점수가 주어졌어요. 2등은 김나운이 속한 팀이었어요.

게임 마스터는 잠시 숨을 돌린 뒤, 곧이어 이지 스테이지 참가

자들의 최종 개인 종합 순위를 발표했어요.

"개인 종합 순위는 이지 스테이지의 문제를 푼 시간, 매스코인 사용 여부, 팀 점수 등을 합산하여 정했습니다. 다음 단계인 노멀 스테이지에 도전할 수 있는 자격은 5위까지입니다. 그럼 발표하겠습니다. 개인 종합 1위는 김나운입니다. 축하합니다."

"으, 역시 김나운이 1위구나. 난 5위 안에만 들면 좋겠다."

수리안이 초조한 얼굴로 게임 마스터의 순위 발표에 정신을 집중했어요.

"2위는 나우리, 3위는 조아라, 4위는 이도영입니다."

2위가 나우리라는 소리에 수리안은 박수를 치며 진심으로 기뻐했어요. 그러나 3, 4위 발표에서도 자기 이름이 불리지 않자, 수리안은 안절부절못했어요. 마지막 팀별 미션에서는 1등을 했지만, 층별 높이를 재는 문제에서 실수를 한 것이 결정적인 듯했지요. 나우리도 수리안의 손을 꼭 잡고 간절한 표정으로 게임 마스터의 입을 바라보았어요.

"노멀 스테이지에 도전할 자격이 주어지는 마지막 5위는…… 수리안입니다."

5위 발표에서 수리안의 이름이 나오자, 나우리가 펄떡펄떡 뛰며 수리안보다 더 기뻐했어요.

"우아! 정말 잘됐다. 발표 내내 가슴이 얼마나 두근두근했는지 알아?"

"휴, 나는 아주 죽을 맛이었어. 고마워. 다 네 덕분이야."

수리안이 안도의 한숨을 쉬며 대답했어요. 두 사람은 힘차게 하이 파이브를 했지요.

"이상으로 노멀 스테이지에 도전할 5명이 모두 선발되었습니다. 축하합니다. 노멀 스테이지에서도 최선을 다해 주세요."

게임 마스터가 축하의 말을 한 후, 이후의 진행에 대해 설명했어요.

"이지 스테이지가 기초 수학 능력과 체력 등을 평가한 것이라면 노멀 스테이지는 기초 체력과 함께 추리력, 사고력 등이 필요한 게임이 될 것입니다. 그럼 행운을 빕니다."

그런데 이지 스테이지에서 탈락한 한 아이가 손을 들어 질문했어요.

"질문이 있는데요. 수학 게임이면 수학 문제만 잘 풀면 되지, 왜 체력 테스트 같은 걸 하죠? 도대체 게임의 목적이 뭔가요?"

"탈락한 분들이 불만이 많은가 보군요. 매스플레이는 단순히

수학 계산을 잘하는 것보다 창의력, 추리력과 함께 용기, 인내심 등의 자질을 갖춘 최고의 수학 영재를 뽑는 게임입니다. 게임의 최종 목적은 하드 스테이지까지 통과한 분들에게만 공개됩니다. 그럼 밖에 대기한 차를 타고 집으로 돌아가세요."

게임 마스터의 말을 끝으로 이지 스테이지가 모두 끝났어요. 웅성웅성하던 아이들도 어느새 빠져나갔는지 대기실 안이 썰렁했지요. 그때 대기실에서 막 나가려던 김나운이 수리안에게 발길을 돌려 다가왔어요.

"수리안, 5위를 한 거 축하해. 곧 노멀 스테이지에서 보자."

"응. 고마워. 너도 1위한 거 축하해."

하지만 수리안은 김나운의 뒷모습을 바라보며 마음속으로 이렇게 생각했어요.

'건물 높이 재는 문제에서 실수만 하지 않았으면 내가 1위를 해서 김나운에게 먼저 축하한다고 말할 수 있었는데. 아, 분하다!'

수리안은 노멀 스테이지에서는 절대 그런 실수를 하지 않고 반드시 김나운을 이기겠다고 거듭거듭 다짐했어요.

대칭이란?

거울에 비친 물건을 보면 거울을 중심으로 실제 사물과 완전히 똑같은 모습으로 포개져. 이처럼 점·선·면 또는 그것들의 모임이 한 점·직선·평면을 사이에 두고 같은 거리에 마주 놓여 있는 것을 '대칭'이라고 해.

선대칭도형

한 직선을 따라 접었을 때 완전히 겹치는 도형을 선대칭도형이라고 해. 이때 그 직선을 대칭축이라고 하지. 대칭축을 따라 접었을 때 겹치는 점을 대응점, 겹치는 변을 대응변, 겹치는 각을 대응각이라고 해. 대칭축이 세로선일 때에는 세로로 접어서 겹치고, 대칭축이 가로선일 때에는 가로로 접어서 겹치지.

선대칭도형은
한 직선을 따라
접어서 완전히 겹치는
도형이야.

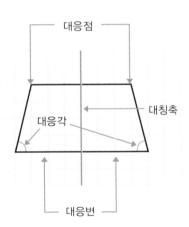

대칭축의 개수는 도형의 모양에 따라 1개일 수도, 여러 개일 수도 있어. 대칭축이 여러 개일 경우에 대칭축은 한 점에서 만나지.

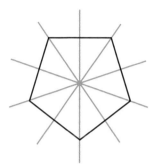

대칭축

대칭축이 한 점에서 만나.

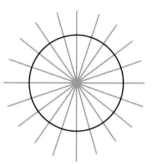

대칭축이 셀 수 없이 많아.

선대칭도형에서 각각의 대응변의 길이와 대응각의 크기를 비교해 보면 그 길이와 크기가 같음을 알 수 있어. 대응점끼리 이은 선분은 대칭축과 수직으로 만나고, 대칭축은 대응점끼리 이은 선분을 둘로 똑같이 나누지.

이제 선대칭도형을 그리는 방법을 알아볼까? 선대칭도형을 그리는 순서는 아래와 같아.

① 대칭축 ㅁㅂ을 중심으로 점 ㄴ, 점 ㄷ의 대응점을 각각 찾아 점 ㅇ, 점 ㅅ으로 표시해.

② 점 ㄹ과 점 ㅅ, 점 ㅅ과 점 ㅇ, 점 ㅇ과 점 ㄱ을 차례로 이으면 선대칭도형이 완성되지.

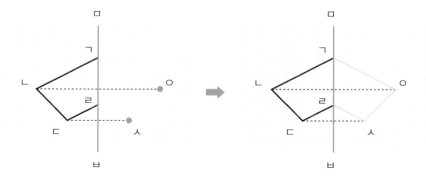

점대칭도형

한 도형을 어떤 점을 중심으로 180° 돌렸을 때 처음 도형과 완전히 겹치는 도형을 점대칭도형이라고 해. 이때 그 점을 대칭의 중심이라고 하지. 대칭의 중심을 중심으로 180° 돌렸을 때 겹치는 점을 대응점, 겹치는 변을 대응변, 겹치는 각을 대응각이라고 해.

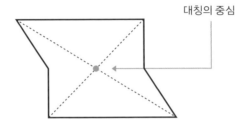

대칭의 중심

점대칭도형 역시 선대칭도형과 마찬가지로 각각의 대응변의 길이와 대응각의 크기를 비교해 보면 그 길이와 크기가 서로 같아. 대칭의 중심은 대응점끼리 이은 선분을 둘로 똑같이 나누지. 그리고 대칭축이 여러 개일 수 있는 선대칭도형과 달리 점대칭도형에서 대칭의 중심은 1개뿐이야.

그럼 점대칭도형을 그리는 방법을 알아볼까? 점대칭도형은 아래 순서에
따라 그리면 돼.

① 각 점에서 대칭의 중심을 지나는 직선을 그어.

② 점 ㄴ, 점 ㄷ, 점 ㄹ에서 대칭의 중심까지의 길이와 같은 길이가 되는
각각의 대응점을 찾아 점 ㅂ, 점 ㅅ, 점 ㅈ으로 표시해. 점 ㄱ의 대응점은
점 ㅁ이야.

③ 대응점을 차례로 이어 점대칭도형을 완성하면 돼.

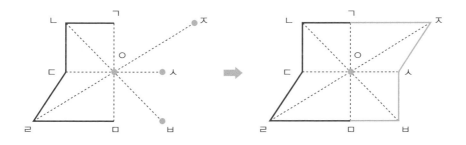

서바이벌 수학 게임 매스플레이
① 수상한 게임 초대

제1판 제1쇄 발행일 2024년 11월 25일

이승남 기획 | 조인하 글 | 김이랑 그림

펴낸이·곽혜영 | 편집·박철주 | 외주편집·이승남 | 디자인·소미화 | 마케팅·권상국 | 관리·김경숙
펴낸곳·도서출판 산하 | 등록번호·제2020-000017호
주소·03385 서울특별시 은평구 연서로26길 27, 대한민국
전화·02-730-2680(대표) | 팩스·02-730-2687
홈페이지·www.sanha.co.kr | 전자우편·sanha0501@naver.com

ⓒ 조인하, 김이랑, 이승남 2024

ISBN 978-89-7650-621-4 74410
ISBN 978-89-7650-620-7 (세트)